Die Nachträge

Teil II

Geheimnisse
aus der Welt
der militärischen Luft- und Raumfahrt

von

Klaus-Peter Rothkugel

Messerschmitt Me 262 T-2 4012 in einer „deutschen" Bemalung,
wie die Strahlmaschine in den USA, auf dem Wright-Field nach Kriegsende
für High-Speed Bombenabwurf-Flugmanöver
verwendet wurde.

Die Me 262 A wurde in glänzenden Farben Dunkelgrün auf der Oberseite und Hellblau auf der Unterseite lackiert und mit deutschen Markierungen, wie das Balkenkreuz auf den Tragflächenober und -unterseiten, dazu das Nationalitätskennzeichen, das Hakenkreuz am Heck, versehen.

Alle Markierungen sind nicht deutscher Standard.

Ungewöhnlich, dass man in den USA nach dem Krieg eine deutsche Beutemaschine in deutschen Markierungen hat fliegen lassen. Wahrscheinlich für Filmaufnahmen, einem „Re-enactment" eines deutschen Kriegseinsatzes mit nuklearen Waffen, der im April 1945 vor den Toren Berlins gegen die Rote Armee stattfinden sollte.

Nazi-Deutschland, *die* Atommacht 1945

Messerschmitt Me 262 HG II Atomwaffenträger

Abb.: Messerschmitt Me 262 PF

Beachte hellen, weißen, Kernstrahlung reflektierenden Anstrich des gesamten Flugzeugs und dessen Abnutzung, insbesondere um das Cockpit herum!

Die Triebwerke sind abmontiert, wohlmöglich keine Jumo 004 mehr, sondern ggfs. Heinkel Hirth S 011 schubstärkere Triebwerke über 2.000 kp, um Mach 1 Plus, auch im Tiefflug zu erreichen.

Beachte neu angebrachte, wenn auch nicht Standard deutsche Hoheitszeichen! Auch das Hakenkreuz als Nationalitätskennzeichen eines bereits untergegangen Nazi-Deutschlands wurde wieder am Heck aufgebracht. Sodass eine deutsche Maschine mit ehemaligen deutschen Nationalitätskennzeichen über U.S. Territorium nach dem Krieg, Ende der 1940er Jahre fliegen durfte, ggfs. für spezielle Filmaufnahmen!

Oben abgebildete, weiße Me 262 HG II Version mit 35 Grad Pfeilflügel und Höhenleitwerk, wurde nach dem Krieg in Glendale, Kalifornien, USA, Ende der 1940er Jahre aufgenommen.

Wohlmöglich nahm die HG II zusätzlich noch an Vergleichstests mit einer strahlgetriebenen Lockheed F-80, gar dem neuen U.S. Fighter für den Koreakrieg, die NAA F-86 teil.

Solche Pfeilflügler, Me 262 PF, die HG II Version, standen, laut Augenzeugenbericht unter anderem in Eschborn bei Frankfurt am Main oder in Langendiebach bei Hanau im April 1945 und sollten Giftgas versprühen, oder Luft-Boden Raketen, WG 21/42 atomar, auf die Rote Armee bei Berlin abfeuern.

Deshalb sind diese Me 262 Pfeilflügler wahrscheinlich bis heute aus der zensierten Geschichte des Zweiten Weltkrieges herausgelassen worden, damit niemand erkennt, dass der Verlauf des Zweiten Weltkrieges ganz anders abgelaufen sein könnte!

Nutzten die Amerikaner, die „Abtrünnigen" unter der U.S. Armee die deutsche Hochtechnologie vor Ort, auf dem ETO, so u.a. die Me 262 Pfeilflügelversionen als Jagdbomber und „Close Air Support", um nukleare Waffen und Giftgas auf den Feind abzuwerfen?

Während die Engländer, die sich an „Operation Unthinkable" beteiligten, die Focke-Wulf Ta 183 als Abfangjäger für große Höhen über 10, 15, bis 20.000 m zum Abfangen und Bekämpfen sowjetischer Höhen und Atombomber bevorzugten und stationieren wollten?

Wird deshalb ein federgespannter Schleudersitz, den auch die Horten Brüder für ihre Nurflügelprojekte verwendeten, vertuscht, geheim gehalten, weil er für die Druckkabine der Ta 183 vorgesehen war?

War solch ein, unter Federdruck stehender Schleudersitz einfacher und vor allen Dingen leichter gebaut, als die Schleudersitze von Heinkel, um das Gewicht einer Druckkabine in der Ta 183 zu kompensieren? Erhielten auch die HG II TL-Jäger diesen Katapultsitz?

War obige, in weiß über alles gehaltene Me 262 PF, HG II in Versuche mit taktischen Atomwaffen in Wendover, Utah beteiligt und spielte man in den USA die geplanten Einsätze dieser Messerschmitt Bodenangriffsflugzeuge gegen die Rote Armee vor Berlin, nach dem Krieg in den USA noch einmal als „Re-enactment". Als „What-if" durch?

Weil man wissen wollte, wie ein „Close Air Support" Bodenangriffsflugzeug solch ein Tiefflug auf Truppenansammlungen am Boden durchzuführen hatte, ohne selbst durch die nuklearen Explosionen beschädigt zu werden und wieder den Flug „Back to Base" unbeschadet antreten konnte?

Messerschmitt Enzian E-5
Flugabwehrrakete

Geheime Kommandosache
Erprobungsstelle Karlshagen

Wie schon in einem früheren Kapitel in den Büchern des Autor Klaus-Peter Rothkugel spekuliert, ob Versuche unternommen wurden, ankommende Großraketen in einem nächsten Krieg, wie z.B. Nachbauten der deutschen A-4/V-2, mit einer Flugabwehrrakete zu bekämpfen und unschädlich zu machen, könnte oben gezeigtes Bild eine mögliche Antwort liefern.

Zu sehen ist, dass neben der Enzian, die in einer zweifarbigen Bemalung (Rot/Schwarz-Weiß) auf einer Flak-Lafette aufgebockt ist, in unmittelbarer Nähe ein Aggregat-4 betankt und starklar gemacht wird. Und dahinter kann man die Radar-Schüssel eines „Würzburg Riesen" erkennen, die senkrecht nach oben in den Himmel gerichtet ist, um ggfs. den Flug der V-2, die in hell, in weiß lackiert ist, mit samt der „Enzian" zu verfolgen.

Könnte dies ein Abfangeinsatz der „Enzian" sein, um die zuvor gestartete V-2 in der Luft abzufangen und entweder durch den Aufprall – Kinetische Energie – oder durch einen Sprengsatz innerhalb der Enzian-Flugabwehrrakete die V-2 zu zerstören?

Wenn ja, ist dies wieder eine „Wunderwaffe", die in der öffentlichen – zensierten – Geschichtsschreibung herausgehalten wird.

Wer hat weiterführende Informationen?

Dr. Alexander Lippisch

Electrostatic UAV

Spitzerberg, Austria, WWII

Original Footage August 1944

Sind die zwei Fotos, die im Besitz von Joseph Andreas Epp waren, gar nicht der Flugkreisel?

Sondern Aufnahmen eines elektrostatischen Flugkörpers in Scheibenform mit einer großen Kuppel, worunter sich ein Zweitaktmotor zum Aufladen der Maschine mit mehreren 10.000 V befand?

Wurden diese zwei Fotos vom Spitzerberg bei Hundsheim im August 1944 aufgenommen, als der elektrisch aufgeladene Flugkörper einen Rundkurs um den Berg flog?

Wer machte die Aufnahmen?

Epp oder eine andere Person im Umfeld der Mannschaft um Dr. Alexander Lippisch?

Junkers Entwicklungsflugzeug EF-126 in Thüringen?

Waren Junkers Bodenangriffsflugzeuge, ob mit einem oder gar zwei Pulso-Schubtriebwerken neben Eschborn, ggfs. in Nordhausen zusammen mit M 262 PF, auch auf einem unterirdischen Flugplatz im Jonastal, Thüringen stationiert, um im April 1945 die Rote Armee um Berlin mit panzerbrechender DU-Munition zu bekämpfen?

Nuclear AA-Rocket

BT-1000
Air to Air Rocket
launched by Me 163
as Pulkzerstörer

Sollte neben dem BT-1000 als Luft-Luft-Rakete auch eine abgewandelte Hs 292 als Flugabwehrrakete in Höhe einfliegender Bomberströme, abgefeuert von Trägerflugzeugen, gegen Kriegsende, oder in WK III eingesetzt werden?

Henschel Gleitbombe

als Luft-Luft Rakete?

Gab es ein Projekt der Luftwaffen-Erprobungsstelle in Peenemünde, woran auch der Peenemünder Ingenieur Otto Cerny mitarbeitete, die Henschel Gleitbombe als Luft-Luft-Rakete weiterzuentwickeln?

Um die ferngelenkte Gleitbombe als Abstandswaffe auf bestimmte Bomberformationen zu lenken, damit zum Beispiel eine nukleare Explosion den gesamten Feindverband in der Luft atomisiert?

Wurde für die Luft-Luft Variante der Hs 292 ein neues Raketentriebwerk entwickelt, das nicht nur auf das Walter HWK-Raketentriebwerk beruhte?

Hochgeschwindigkeitsflüge für Bodenangriffe mit taktischen Atomwaffen und Giftgas

Bomb Delivery Tests at Wright Field?

High Speed Bomb Runs for Ground Attacks?

Nuclear Ground Attacks from Eschborn against Red Army, April 1945
Nuclear Live Tests at Wendover, UT after the War?

Overall White Me 262PF for Nuclear Live Tests in the Desert of Utah?

Beachte, dass beide Messerschmitt Me 262 für Hochgeschwindigkeits-Bodenangriffsflüge die gleiche Registrierung besitzen, nämlich T-2 4012, obwohl es zwei unterschiedliche Maschinen sind! Nämlich eine normale Me 262 und eine HG II Version mit 35 Grad Flächenpfeilung.

Denn sowohl in Wright Field, Ohio und ggfs. in Wendover, Utah wurden wahrscheinlich Hochgeschwindigkeits-Attacken auf Bodenziele simuliert.

Eventuell in Utah in der Wüste mit „live", also echten Atomwaffen, wie WG 21 oder WG 42 atomar, Luft-Bodenraketen, um zu üben, wie man feindliche Truppenansammlungen und Kriegsgerät am Boden mit taktischen Atomwaffen vernichten kann.

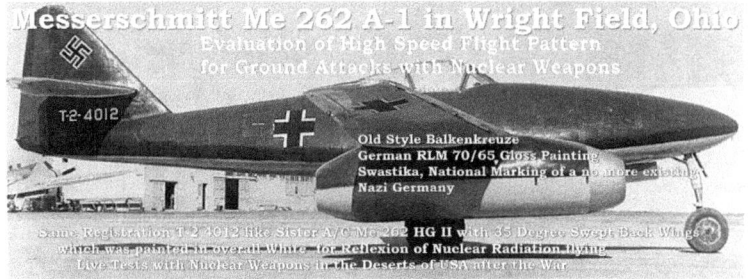

Messerschmitt Me 262 A-1 in Wright Field, Ohio
Evaluation of High Speed Flight Pattern
for Ground Attacks with Nuclear Weapons

T-2-4012

Old Style Balkenkreuze
German RLM 70/65 Gloss Painting,
Swastika, National Marking of a no more existing
Nazi Germany

Same Registration T-2-4012 like Sister A/c Me 262 HG II with 35 Degree Swept Back Wing
which was painted in overall White for Reflexion of Nuclear Radiation flying
Live Tests with Nuclear Weapons in the Deserts of USA after the War

Flog, vollzog man die Tests, nämlich die von Zeitzeuge Helmut B. angedeuteten Einsätze von Pfeilflüglern als Bodenangriffsflugzeuge gegen die Rote Armee vor Berlin im April 1945 nach?

Es sollten WG 21 und WG 42 Luft-Boden Granaten mit atomarem Sprengstoff gegen die Truppenansammlungen am Boden von Me 262 PF verschossen werden.

Da man in Ohio auf dem Wright Field keine Atombomben abwerfen konnte, wurden dort nur Hochgeschwindigkeits-Bombenabwurfs-Flüge übernommen?

Wurden aus Geheimhaltungsgründen nicht HG II Versionen für die Tests herangezogen, sondern eine, auf Schnelligkeit getrimmte, normale Messerschmitt Me 262 A-1?

Focke Wulf Ta 183

War die druckbelüftete Focke Wulf Ta 183 als Abfang- und Höhenjäger dafür vorgesehen, in der, von den Briten besetzten Zone in Niedersachsen, in Großserie produziert zu werden, damit im Dritten Nuklearen Weltkrieg ab Sommer 1945 sowjetische Großbomber, die in das ehemalige Reich einflogen, abgefangen und vernichten werden konnten?

Ließen die Amis in Süddeutschland und Österreich die Messerschmitt Me 262 Pfeilflügel-Versionen fertigen, um diese als Bodenangriffsflugzeuge mit nuklearen Bomben, Raketen oder Giftgas gegen die Sowjets auf dem Vormarsch gen Moskau einzusetzen?

Siehe hier den deutschen, ggfs. bereits unter U.S. Kontrolle gestandenen Geheimeinsatz von Eschborn oder Langendiebach in Hessen, auf Sowjetische Truppen vor Berlin im April 1945, mit WG 21 und WG 42 atomar, oder mit Giftgas, um den russischen Vorstoß auf die Reichshauptstadt Berlin zu verhindern. Der deutsche Geheimeinsatz wurde aber in letzter Minute verhindert und abgebrochen.

Sollten also im Norden des ehemaligen Dritten Reiches, die Focke Wulf Werke, bzw. deren geheime Untergrundstätten, neben der Fw 190 Varianten, nun für die Briten, die Norddeutschland besetzt hatten und kontrollierten, die Focke-Wulf Ta 183 „Huckebein" als Abfangjäger in Serie produziert werden?

Während im Süden, in Bayern und Österreich im U.S. amerikanisch besetzten Teil des Reiches die Messerschmitt Me 262 HG II und HG III als Luftnahunterstützungs-Maschine und Bodenangriffsflugzeug in U-Werken und in B-8 „Bergkristall" für die abtrünnigen Amerikaner gefertigt werden sollten?

Warum wird bis heute nicht näher auf die Funktionsweise von Feder gespannten Notaustieg Sitzen/Schleudersitzen eingegangen, bzw. warum werden diese vertuscht?

Weil, neben den bekannten und detailliert besprochenen Heinkel Schleudersitzen, „Spring-loaded" Ejection Seats für Geheimprojekte, wie die Horten Nurflügler, Me 262 PF und Focke Wulf Strahlflugzeuge vorgesehen waren, die nach dem Ende der Kapitulation im Mai 1945 für die West-Alliierten im Kampf gegen die UdSSR einsatzmäßig Verwendung finden sollten?

Operation Unthinkable

Zitat aus dem Buch „Weltchronik in Briefmarken, Ein Bilderbuch über den Lebenslauf unseres Blauen Planeten", Band III, „Die Krankengeschichte des 20. Jahrhunderts", von Joachim Gabka, „edition q", Copyright © 2.000, edition q, Quintessenz Verlags-GmbH, Berlin:

„ . . . (Churchill, brit. Premier) den kalten Krieg voraus und schrieb sowohl in der „Geschichte des WW II", als auch in seinen „Erinnerungen" darüber, dass er schon am V-day (Victory-Europe) die Hegemonialstellung der Sowjetunion in Europa befürchtete. Zu den Siegestagen von 1918 und 1945 heißt es bei Churchill:

„Damals, wie heute, stand mir die Weltlage vor Augen. Aber damals gab es jedenfalls keine mächtige Armee mehr, die wir fürchten mussten."

So befahl Churchill, die in der britischen Besatzungszone gefangenen deutschen Einheiten kampfbereit zu belassen und sie - im Gegensatz zu allen anderen drei Zonen - mit ihren Offizieren zu kasernieren.

Im Notfall wollte er gewappnet sein.

Churchill war der einzige Politiker der alten Siegergeneration, der die Ziele der Sowjetunion erkannte. Ihn schloss sich der neue U.S. Präsident Harry Truman an."

Anmerkung:

Aber nicht nur in der britischen Besatzungszone in Norddeutschland wurden deutsche Wehrmachtseinheiten unter Waffen gehalten.

In Kärnten, Österreich färbte man sogar deutschen Kriegsgefangenen, die britische POW waren, die alten Uniformen auf das britische Khaki um und verpasste den deutschen Soldaten englische Ränge mit dementsprechenden Rangabzeichen.

Bei dieser, geschönten, geschichtlichen Darstellung wird nur auf die aktive Rolle von Groß Britannien eingegangen.

Noch aktiver und „verschwörerischer" aber muss die Rolle der neu aufkommenden Weltmacht und alles beherrschender Hegemon, die Vereinigten Staaten von Amerika gewesen sein!

Wo man sich ausgedacht haben mag, wie man nach dem Ersten Weltkrieg ganz Europa unter U.S. amerikanischer Besatzung halten kann, sodass die Europäer den U.S. Besatzern auch noch freudig zujubelten:

Die Installation des Herrn Adolf Hitler.

The Rest is History!

Die Nachträge

Teil II

**Ergänzungen, Hinweise, neue Erkenntnisse zu den
einzelnen Büchern
von
Klaus-Peter Rothkugel**

Wer neue Informationen besitzt und diese teilen möchte,
kann sich gerne an den Autor wenden.

Alle Hinweise werden selbstverständlich
vertraulich behandelt!

Messerschmitt Me 262 HG II und HG III

Messerschmitt Me 262 PF
Pfeilflügler

Bildunterschrift:

"A remarkable undated photo (*courtesy of Richard Eger*) of a German
Me-262 WW2 jet fighter (sans engines) at **Grand Central**.

Richard believes the Me-262 was used "in the late 1940's & early
1950's by **Cal-Aero Technical Institute** for mechanic training."

According to Richard, "The plane subsequently got its engines back,
was purchased by Edward Maloney, and migrated with Maloney to 4
different museums that he set up, the last being The Air Museum -
Planes of Fame, at Chino Airport.

It was taken over by Paul Allen of Microsoft fame about November
2000, with the intent to once again fly it, complete with original
German Jumo 004 engines."

Hinweis:

Obiger engl. Text gilt nicht für die abgebildete Me 262 HG II! Sondern für eine „reguläre Me
262 A-1 mit derselben Kennung T-2 4012, die sich heute restauriert und flugfähig in den USA
befindet!

Mister Richard T. Eger war "Lifelong historian of advanced German aeronautical technology
of World War II – in particular, the Messerschmitt Me 262", also Ehrenmitglied des
"Smithonian National Air and Space Museum", Washington, USA.

Ob der U.S. Amerikaner Mr. Eger ein „Easter Egg" gelegt hat, für die Freunde der Me 262 und für Forscher, die Augen im Kopf haben, zudem wissen, dass die HG-Version der Me 262 existiert hatten?

Anmerkung:

Hier haben wir das Phänomen, dass die U.S. amerikanische Registrier-Nr.

T-2 4012

zweimal vergeben wurde!

Einmal für eine reguläre Me 262 A-1 Aufklärungsversion mit zwei Kameras, die in Deutschland nach Kriegsende von der U.S. Armee erbeutet wurde und über die es einen lückenlosen Lebenslauf gibt.

Dieselbe mysteriöse Nummer T-2 4012 - siehe Registrierung unterhalb des um 35 Grad gepfeilten Höhenleitwerks bei obiger, weißer HG II Maschine - wurde auch einer, bis heute geheim gehaltene Me 262 PF zugeteilt, die es ja in der offiziellen Luftfahrthistorie nicht geben darf!

Warum gab es keinen Kriegseinsatz deutscher Hochgeschwindigkeits-Versionen der Me 262 noch während des Kriegsverlaufs?

Weil diese Pfeilflügler von Messerschmitt ggfs. unter anderem als Bodenangriffsflugzeuge für die Amerikaner und deren Krieg gegen die Sowjetunion stationiert worden werden sollten?

Aber dieser Dritte, atomar geführte Weltkrieg wird bis heute und darüber hinaus vehement vertuscht!

Die reguläre Me 262 A-1 mit der Registrierung T-2 4012 ist heute hervorragend restauriert und flugfähig in den USA zu bewundern.

Was wurde aus der oben abgebildeten Me 262 HG II bei einer Mechanikerschule in Kalifornien?

Komplett zerlegt und in Kisten verpackt, gar mittlerweile verschrottet, weil auch nuklear verstrahlt?

Oder zuvor de-kontaminiert, in einer privaten Schule für Flugzeugwarte auf dem Flugplatz „Grand Central" in Kalifornien eingehend studiert, um herauszufinden, wie man in Deutschland Hochgeschwindigkeitsflugzeuge baute?

Abb.:

„Normale Me 262 mit üblicher, geringer Flügelpfeilung von ca. 18 Grad und
„T-2 4012" Registrierung.

Warum hat man die Registrierung „T2 4012" von einer regulären, von der U.S. Armee
erbeuteten Me 262 A-1 auch einer geheim gehaltenen Me 262 HG II zugeteilt? Und auch
beide Fotos veröffentlicht, sodass sie bis heute, Stand 2023, im Internet entdeckt werden
können?

Absicht oder Zufall?

Weil man beide Maschinen für spezielle Hochgeschwindigkeits-Angriffsflüge mit atomaren
Waffen einsetzte und wie man diese Atomwaffen am besten ins Ziel steuert?

"Project Extraversion"

Abb.:

Reguläre T2 4012, Jahre später, bevor sie endgültig restauriert, hernach ausgestellt wurde und
auch mittlerweile im Internet bewundert werden kann.

Warum hat man die Version mit den 35 Grad Pfeilflügeln nicht auch restauriert und
ausgestellt?

An der Technik kann es nicht gelegen haben. Pfeilflügel sind nach Kriegsende Gang und
Gäbe in der Luftfahrt.

Die HG-Versionen der Me 262 werden aus einem anderen Grund bis in alle Ewigkeit vertuscht.

Wegen eines Dritten Weltkrieges, den die USA mit willigen Wehrmachtsangehörigen ab Sommer 1945 nuklear führen wollte!

Auf dem Flugplatz „Grand Central" in Kalifornien, nicht weit von Burbank nahe L.A. entfernt führte die USAAF unter anderen Vergleichtests mit einer Me 262 und der Lockheed P-80 „Shooting Star" durch.

Um welche Me 262 es sich bei diesen Vergleichstests in Glendale handelte, ist unklar. Ob es die obige, in weiß gehaltene Messerschmitt war, oder eine andere Version, ob PF oder reguläre A-1a, ist nicht bekannt.

Auch ist unklar, wie viel HG II und HG III Pfeilflügler von Messerschmitt in die USA gelangten.

Dabei heißt es in einem Bericht u.a.:

„Trotz eines Unterschiedes im Gesamtgewicht von beinahe 900 kg war die Me 262 der P-80, was Beschleunigung, Geschwindigkeit und Steigrate überlegen.
...

Die Army Air Force testete zudem eine Me 262 A-1a/U3, U.S. Flight Evaluation Serial FE – Foreign Equipment 4012, eine unbewaffnete Aufklärungsversion, die mit einer Nase einer Jägers ausgestattet wurde und eine glatte Oberflächenvergütung erhielt.

Dieser Umbau wurde für Vergleichsflüge gegen die P-80 verwendet.

Während der Testflüge zwischen Mai und August 1946 wurden acht Flüge mit insgesamt vier Stunden und 40 Minuten Flugzeit erzielt. Die Versuchsflüge wurden abgebrochen da vier Mal die Triebwerke ausgewechselt werden mussten, was zu zwei Landungen mit je nur einem Triebwerk führte. "

Anmerkung:

Interessant ist, dass die deutschen HG II und HG III Versionen der Messerschmitt Me 262 eine bessere Oberflächengüte aufgrund neuer Rumpf und Tragwerkbauweise erhielten, worüber auch ein Bericht der Messerschmitt Werke vorliegt, siehe Hinweis in den Büchern des Autors.

Ob sich der Hinweis in dem U.S. Bericht darauf bezieht ist unklar, aber denkbar. Sodass man auch die erbeutete, reguläre Me 262 A-1 diesbezüglich aufwertete, in dem man die Oberflächen der Maschine dementsprechend lackierte, um eine windschlüpfrigere Außenhaut zu erhalten, damit höhere Endgeschwindigkeiten erzielt werden konnten.

Denn, die bekannten Fotos diverser Me 262, die in den letzten Kriegstagen in Waldwerken, im Untergrund von Zwangsarbeitern produziert wurden, alle diese Maschinen waren schlechter Qualität, hatten eine raue Oberfläche aufgrund heftiger Verspachtelung der einzelnen Blechstöße. Zumeist wurde nur leicht mit einer Tarnfarbe die Oberfläche übergenebelt. Sodass keine saubere Oberflächengüte entstand. Ja, durch die raue, unebene Flugzeugaußenhaut es sogar zu Geschwindigkeitsverlusten kam, wie ein Testbericht, der in Rechlin erstellt wurde, zeigte.

So könnte man beim RLM und beim Hersteller Messerschmitt darüber nachgedacht haben, die Außenhaut des Strahljägers glatter, windschlüpfriger und damit schneller zu machen. Was insbesondere für die Pfeilflügler galt, die ggfs. mit neuen Triebwerken gar über Mach 1 hätten fliegen können.

Ob zu diesen Maßnahmen der besseren Außenhaut auch glatte und glänzende Flieg-Lacke, die die Oberfläche versiegelten und windschlüpfrig machten, dazu gehörten, wäre denkbar.

Und dass die Amerikaner nach dem Krieg diese Lacke in Wright Field an einer erbeuteten Me 262, nämlich der regulären, für die Öffentlichkeit bestimmten Me 262 A-1 T2 4012 testeten und sogar Hochgeschwindigkeitsflüge damit ausführten.

Was den Millionär und Flugzeugnarr Howard Hughes auf den Plan rief, der sich ausmalte, mit diesem Messerschmitt Jet die Thompson Trophy bei einem Flugrennen zu gewinnen.

Wer hierzu Informationen hat, dass deutsche Flieg-Lack Hersteller solche glänzenden Farben für Strahlflugzeuge der neuesten Generation am entwickeln waren und um welche Farbtöne es sich dabei genau handelte – ggfs. aus Vereinfachungsgründen ein grüner Ton für die Oberseiten und ein Hellblau für die Unterseiten – der sollte sich unbedingt beim Autor melden!

Vergleich einer herkömmlichen Me 262
mit einer HG II Version

Abb.:

Vergleiche die reguläre Messerschmitt Me 262 oben mit der normalen Flügelpfeilung von 18, 5 Grad mit der 35 Grad Pfeilung der darunter befindlichen, bis heute geheim gehaltenen Me 262 PF!

Auch das Höhenruder war um 35 Grad nach hinten gepfeilt.

Siehe unterschiedliche Narbe des Bugrades, Silber, und andere Bemalung des Bugfahrwerks.

Flugzeug ist weiß über alles lackiert. Um das Cockpit kann man den naturbelassenen, silbernen Untergrund aufgrund Gebrauchsspuren, z.B. Warte die sich ins Cockpit gelehnt hatten und den Farbauftrag abgerieben haben, erkennen. Keine Plexiglasabdeckung der Heckleuchte, wie bei der regulären T-2 4012, auf Foto zu erkennen.

Weiße Bemalung als Reflektionsschutz gegen Kernstrahlung?

Wenn man die glänzend lackierte Me 262 T-2 4012 in Glandale zerlegt hätte, dann hätte man, laut Foto, die Maschine von der grünen und blauen Farbe befreien, einen neuen, weißen Farbauftrag anbringen müssen, diesen auch noch mit Gebrauchsspuren versehen und wieder neue, „Fake-deutsche" Markierungen, vier falsche, nie solche Formen an der Me 262 angebrachte Balkenkreuze an den Tragflächen oben und unten, dazu zwei Hakenkreuze am Seitenruder anbringen müssen, um obiges Foto auf „Grand Central Airport" zu schießen.

Ein bisschen viel Aufwand, um ein Foto einer Me 262 für Cal Aero, eine Mechanikerschule, zu machen, bevor die Maschine endgültig zerlegt und wahrscheinlich nie wieder zusammengebaut wurde!

Hatte man in Glendale in Kalifornien die Maschine, nachdem sie von Versuchsflügen aus einer der großen Wüstengebiete der USA, wie Nevada oder Utah, von eventueller Verstrahlung aufgrund Atomwaffenabwürfe mit Wasser abgespritzt und dekontaminiert?

Gehörte dies auch zu einer Übung dieser Mechanikerschule, die Dekontamination der Außenhaut von Atombombenträgern?

Diese Me 262 HG II müsste also, würde sie heute noch existieren, zerlegt, in Kisten verpackt, irgendwo eingelagert sein. „Dismantled and locked-away!" Falls man die Einzelteile nicht irgendwann, wegen Nukleartests verschrottet, vergraben oder verbrannt hatte.

Es sind eindeutig zwei unterschiedliche Me 262 Versionen: eine reguläre Me 262 A-1 und eine Me 262 PF, eine HG II Version mit 35 Grad Tragflächen und Höhenleitwerken.

...

Die Öffnungen der MK sind bei der HG II offen gelassen. Bei der regulären Me 262 mit „high speed" Bemalung sind die vier Öffnungen der Bordkanonen verschlossen, wohl auch die vier Ausstoßkanäle für die Patronenhülsen. Alles wegen mehr „Speed"!

Die obige Aufnahme der weißen Me 262, würde man der absichtlich gestreuten Legende glauben, müsste ja nach den Vergleichtests mit dem U.S. Strahljägern gemacht sein. Dann müsste die Farbe abgetragen und neue Markierungen aufgetragen worden sein, bevor man die Me 262 dann, wie auf dem Foto, zerlegte.

Die Vorflügel sind bereits abgenommen, die Positionslampe am rechten Flügel fehlt, ein Teil der Bugradabdeckung ist abgenommen.

Die zwei Jumo Triebwerke sind abmontiert.

Gegebenenfalls handelt es sich nicht um die regulären Jumo 004 B Strahlturbinen.

Das Foto zeigt die Me 262 kurz vor der endgültigen Zerlegung.

Es könnten weiterentwickelte, schubstärkere TL-Versionen angebracht gewesen sein:

So das Jumo 004 D TL-Triebwerk, dessen Serienproduktion kurz vor Kriegsende angelaufen war.

Oder das Jumo 004 E Strahltriebwerk, das ein kürzeres Endrohr besaß und bessere Schubeigenschaften in größeren Höhen entwickelte. Gegen Kriegsende waren einige Versuchstriebwerke betriebsbereit und eine Serienproduktion war für den Sommer 1945 vorgesehen (Informationen von der „Hugo Junkers Homepage", von Horst Zöller).

Waren gar neue Heinkel-Hirth S-011 Turboluftstrahl-Triebwerke für die HG II vorgesehen, wie für die HG III?

Wenn also obige HG II neue Triebwerke, wie das Jumo 004 E, gar die E-Version besaß, wird klar, dass man nur ein Foto für die Öffentlichkeit ausgewählt hatte, dass die Me 262 PF ohne Triebwerke zeigt. Sonst hätte man sofort den Unterschied erkennen können!

Beachte, dass die Registrierung T-2 4012 doppelt vergeben wurde, um den Eindruck zu erwecken, es handele sich um ein und dieselbe Maschine, eine Me 262 A-1a und nicht um zwei unterschiedliche Modelle.

Wahrscheinlich hatte die Me 262 PF weder in Deutschland, noch später als Beute in den USA je eine offizielle deutsche Registrierung oder Werknummer erhalten!

Beachte außerdem, dass keine „Rennkabine" an dem Pfeilflügler verbaut wurde! Sondern die reguläre Kabinenabdeckung, wie bei den herkömmlichen Versionen, auch kein „Schmetterlings-Leitwerk"!

Zwei Me 262 Strahlflugzeuge, eine U.S. Registrierung

Bereits 1944 wurde in Wright Field, heute "Wright Pat" eine Liste der deutschen Luftwaffenmaschinen zusammengestellt, die die Großmacht USA gerne erbeuten und untersuchen wollte.

Dabei war eine U.S.-Gruppe für Kolbenmotor betriebene Maschinen zuständig, eine andere für Strahlflugzeuge.

Nach Kriegsende wurden den „Watson Whizzers" noch einige ehemalige Luftwaffenpiloten zugeteilt, darunter Heinz Baur, der Chef-Einflieger bei Messerschmitt war. Dazu kamen drei weitere Messerschmitt Angehörige, wie Versuchspilot Ludwig Hoffmann und Hermann Kersting, sowie Gerhard Caroli als Ingenieur.

Diese Messerschmitt Leute hatten mit Bestimmtheit Kenntnis von den Pfeilflügel Me 262 Versionen, die wohl hauptsächlich in B-8 „Bergkristall" von ausgesuchten Messerschmitt-Personal in Serie gefertigt wurden.

Heinz Baur ging nach dem Krieg in die USA und man kann davon ausgehen, dass er dort die Hochgeschwindigkeits-Versionen II und II den Amerikanern in Wright Field, oder Muroc Dry Lake im Flug vorgeführt hatte. Ob er auch in Glendale, „Grand Central" Airport an den Vergleichstests teilgenommen hatte, ist unklar.

Neben der PF-Version wurde auch die reguläre Me 262 mit der T2 4012 Registrierung, wenn auch nur in Wright Field probegeflogen und nach den Tests zu den Hughes Aircraft Works nach Culver City verbracht.

Die reguläre Me 262 wurde als Werk Nr 500453 in einem Waldwerk bei Obertraubling nahe Regensburg als Jagdmaschine gefertigt und im März 1945 in Eger/Cheb zu einer Aufklärervariante A-1/U-3 mit zwei Reihenbildkameras R6-50/30 mit dazugehörigen Kameraöffnungen im Bug umgebaut.

Wahrscheinlich wurden in Eger auch die vier Kanonenöffnungen in der Nase mit vier ovalen Abdeckungen verschlossen, da der Aufklärer ohne jegliche Bewaffnung – des Gewichtes wegen – flog.

Sodass man nicht bei der regulären Fertigung der Me 262 in den einzelnen Werken, ob Schattenwerke, oder im Untergrund, auf den Taktstraßen, bei denen hauptsächlich von Fremd- und Zwangsarbeitern tätig sein mussten, unterschiedliche Versionen fertigte. Dies mutete man den angelernten Fremdarbeitern aus Vereinfachungsgründen nicht zu. Sondern die Umbauten, wie bei dem unbewaffneten Aufklärer, fanden in anderen Werken statt, wo man die einzelnen Modifikationen ganz gezielt ausführte.

Wie bei der Lufthansawerft in Eger, wo man den Umrüstsatz 3 in die Werk-Nr. 500453 einbaute, also die Kanonenöffnungen verschloss, zwei verglaste Öffnungen links und rechts vom Bugradschacht ausschnitt und die Kamerainstallation vornahm.

Ob dort auch eine Bemalung vorgenommen wurde ist unklar.

Danach übernahm die Luftwaffe die Me 262 A-1/U-3 als "Weiße 25. Die Maschine wurde zur NAGr. 6 in Lechfeld geflogen, dann weiter nach Kaltenkirchen. Zwecks Kapitulation wurde die „Weiße 35" dann in Lechfeld den Amerikanern übergeben, wo sie von der 54th Air Disarmament Squadron übernommen wurde, die sie nachher den "Watson Whizzers" im Rahmen der „Operation Lusty" aushändigte.

Wie üblich, übermalten die Amerikaner die Hoheitszeichen der Maschine und gaben ihr zuerst den Nickname, „Connie . . . My sharp Article", danach „Pick II".

Der Messerschmittaufklärer gelangte mit vielen anderen Beuteflugzeugen nach Cherbourg in Frankreich und wurde mit der HMS „Reaper" in die USA verschifft.

Auf dem Freeman Airfield in Indiana erhielt die „Weiße 25" die „Foreign Equipment Number FE-4012, die später zu T-2 4012 abgeändert wurde.

Die „Weiße 5" wurde dann für geheime Vergleichstests gegen die Lockheed P-80 ausgewählt.

Wahrscheinlich wollte man von Anfang an eine reguläre Me 262 testen, die unbewaffnet war und damit weniger Gewicht aufwies.

Die Kamera-Bugsektion wurde gegen eine Jägerversion (von der erbeuteten Me 262 mit der Registrierung „(888") ausgetauscht. Was, wegen der modularen Bauweise des TL-Jägers kein Problem darstellte. Die vier Kanonenöffnungen wurden wegen der Aerodynamik verschlossen und die ganze Maschine für Hochgeschwindigkeitsflüge entsprechend bearbeitet und lackiert.

Die Tests mit der T-2 4012 wurden, gemäß geschönten, desinformatorischen Angaben auf dem Patterson und Wright Field im Mai 1946 durchgeführt.

Warum machte man überhaupt mit einer überarbeiteten, auf Hochgeschwindigkeit getrimmten Me 262 A-1a ohne Bewaffnung solche Flugversuche mit hohen Endgeschwindigkeiten?

Wurden Mach Flüge im Bahnneigungsflug vermessen?

Wollte man ungepfeilte Flugzeuge, so wie die Lockheed P-80, schneller machen?

Es gab ja andere Methoden, Flugzeuge „reibungslos" durch die Luft schnellen zu lassen, wie elektrostatische Aufladung, Plasmablasen oder Grenzschichtabsaugung.

Spielte die reguläre T-2 4012 mit der neuen Lackierung nur ein Schmierentheater für den Rest der Welt, die nicht wissen sollte, dass es bereits im Krieg Me 262 PF gab, die Mach schnell fliegen konnten?

Es gibt das Gerücht, das Howard Hughes mit diese normalen, aber für Hochgeschwindigkeitsflüge aufbereitete und besser lackierte Me 262 an den Thompson Trophy Air Races teilnehmen wollte, was ihm letztendlich untersagt wurde.

Weil sich wohl herausgestellt hätte, dass alleine die reguläre, „aufgemotzte" Me 262 schnell genug gewesen wäre, das Rennen gegen die teilnehmenden U.S. amerikanischen Flugzeuge für sich zu entscheiden! Eine ehemalige Nazi Maschine, die in den USA ein Rennen gegen amerikanische Flugzeuge gewinnt. Für die Großmacht USA unmöglich!

Wie wäre es erst gewesen, hätte eine 35 Grad Me 262 an diesem Rennen teilgenommen?

Von der HG II gibt es zumindest ein Foto, wenn es auch nicht die vollständige, komplette Maschine zeigt. Dazu ein Foto der Hecksektion von beiden Me 262, der HG II und der HG III.

Von der HG III Version mit 45 Grad Flächenpfeilung ist bis jetzt überhaupt noch kein Foto von einer kompletten Maschine in der Öffentlichkeit aufgetaucht.

Nur die inszenierte Fotographie der HG II in Glendale ist in der Öffentlichkeit bekannt. Aber auch Richard Eger, aus dessen Besitz das oben gezeigte Foto der HG II stammt, konnte, wollte oder durfte nicht darüber berichten, dass die Me 262 in Glendale eine geheim gehaltener Pfeilflügler für den Dritten Weltkrieg war!

Ob zu jener Zeit, wo die normale Me 262 in Wright Field, Ohio getestet wurde, parallel die Me 262 PF HG II, 35 Grad Pfeilfügler mit derselben Registrierung T-2 4012 auf dem Grand Central Airport in Kalifornien, nahe L.A. und Burbank, Lockheed, durchgeführt wurden, oder bereits früher im Jahre 1945, ist unklar.

Aber man sieht sehr schön, wie die Amis ganz genau wussten, dass sie die Pfeilflügel Messerschmitt Me 262 verschleiern mussten, damit niemand herausfindet, dass diese Hochleistungsflugzeuge nicht mehr für WK II sondern den nächsten, sich anschließenden Krieg gegen die Sowjetunion bestimmt waren.

War doch die North American NAA F-86 „Sabre" im Grunde eine vergrößerte Kopie der Me 262 PF, was das Flugwerk und den Antrieb betrifft, wo man die Slats, also die Vorflügel, dazu das Jumo-Triebwerk und die Pfeilflügel von der Me 262 übernommen hatte.

Hochgeschwindigkeits-Finish

Interessant ist, das bei der doppelten Vergabe der U.S. Registrierung T-2 4012 für je eine Me 262 A-1a und eine Me 262 PF HG II, der reguläre Messerschmitt TL-Jäger mit einer glatten Außenhaut, einer Abdeckung der Kanonen- und Hülsenaustrittöffnung, Ausbau der kompletten Bewaffnung, sowie einer glänzenden Oberflächenlackierung versehen wurde.

Somit führte man keine Flugversuche als Jäger, Abfangjäger oder Jagdbomber mit der Me 262A-1 durch. Dazu hätte sie eine entsprechende Bewaffnung benötigt, die aber ausgebaut war.

Die Versuche wurden ggfs. unternommen, um zu erforschen, ob diese reguläre Version mit dem oben abgebildeten Pfeilflügler, der evtl. neue Jumo oder Heinkeltriebwerke erhalten hatte, in Sachen Höchstgeschwindigkeit mithalten konnte.

Später war diese verbesserte, auf Hochgeschwindigkeit getrimmte, normale Me 262 A-1 für Howard Hughes von Interesse, der wusste, dass er mit dieser Maschine ein Flugrennen gewinnen konnte.

Warum wollte in den USA, in Wright Field, oder bei Lockheed in Grand Central wissen, welche Höchstgeschwindigkeit eine deutsche Messerschmitt mit HG-Finish erreichen konnte? Um eine hohe Geschwindigkeit zu erzielen, damit man von einem verheerenden Explosionsherd entkommen kann?

Vielleicht sollten die, nun in einem Dritte Weltkrieg Szenario ab Sommer 1945 für die Angelsachsen und hauptsächlich für die Amerikaner fliegenden Me 262 eben eine solche Hochglanzbemalung für CAS-Missionen, Close Air Support, erhalten, die sich aus einem glänzenden Dunkelgrün für die Oberseiten und ein glänzendes Hellblau für die Unterseiten zusammensetzte. Auch der Reflexion von Strahlung wegen?

Die Farben waren ggfs. angelehnt an die deutschen RLM-Farbtöne 70/82 und 65/74.

Vollzog man bei den Vergleichstests auf dem Grand Central Airport bei L.A. (wenn dies nicht ein Propaganda-Märchen ist, und es gab keine ernsthafte, oder nur für die Öffentlichkeit vorgetäuschte Tests mit der P-80 und einer HG II, weil die Lockheed „Shooting Star" bereits obsolet war und die F-86 schon bereit stand) eben auch die deutsche Tarnung nach, die man auf, zumindest den Messerschmitt Strahljägern angebracht hätte?

Es müssten also zwei „Evaluation Reports" existieren, resultierend aus den Vergleichstests der deutschen HG-Maschinen mit ihren U.S. amerikanischen Rivalen, der P-80 und der P-86.

Wobei nur die Daten für die reguläre Me 262A-1a der Öffentlichkeit zur Verfügung stehen, um den Eindruck zu erwecken, dass es mehr nicht gab.

Wie die HG II Messerschmitt mit ihren 35 Grad Pfeilflügeln, gar die HG III mit 45 Grad gegen die U.S. Jets abgeschnitten hatten, wird wohl für sehr lange Zeit, wenn nicht gar für immer, unter Verschluss bleiben und nicht interessierten Forschern zugänglich sein.

Schade!

Ist dies doch der vehementen Vertuschung des geplanten und in aller letzter Minute abgesagten Dritten Weltkrieges geschuldet, von dem so gut wie niemand, zumindest niemand aus der allgemeinen Öffentlichkeit Kenntnis besitzt.

Abb.:

Unbemalte Messerschmitt Me 262 HG II und HG III Leitwerke sind hinter den BMW und Jumo Triebwerken, ggfs. auf einem Schrottplatz in Freeman, Indiana, USA, zu erkennen

Abb:

High-Speed Bemalung der regulären Me 262 A-1, T-2 4012, wie sie ggfs, gemäß Legende für Vergleichstests gegen P-80 und P-86 in Glendale, Kal. geflogen wurde.

Falls nicht mit der Maschine bestimmte Flugmanöver für Bodenangriffe in Höchstgeschwindigkeit erflogen wurden.

Hier ist die Me 262 möglicherweise bereits in Culver City bei Hughes Aircraft fotografiert.

Howard Hughes wollte mit dieser, auf Schnelligkeit getrimmte Me 262 1947 in Cleveland bei einem Air Race teilnehmen, was ihm von General Hap Arnold untersagt wurde, da man nicht wollte, dass ein „Nazi Airplane" ein U.S. Flugrennen gewinnen könnte.

Diese Erprobungsmaschine kam so, wie sie war, von Wright Field, Ohio zu Hughes Aircraft, da die glänzend lackierte Me 262 mit allen Markierungen und Fantasie-Hoheitszeichen das Interesse des exzentrischen Millionär Howard Hughes für ein Flugrennen geweckt hatte.

Vergleiche die Me 262 HG II in Glendale bei Cal Aero Tech, die weiß lackiert war, dazu Abnutzungsspuren, und deren Öffnungen für die Bug-Kanonen nicht verschlossen waren, wie bei obiger, grüner Maschine.

Insert

Abb.:

Gleiches Tarnschema in Grün auf der Oberseite und die Unterseiten in blau bei dieser Me 262 mit der Erprobungs-Nr. T2 110 in Wright Field, Ohio nach dem Krieg.

Vormals eine Me 262 mit der Werk-Nr. 110836 des 2. KG 51 Kampfgeschwaders, die in Saaz, Zatec bei Prag stationiert war, und dann nach München-Riem zu den Amerikanern ausgeflogen wurde.

In Wight Field wurde die „110" überarbeitet, siehe hier die Blechstöße, die verschlossen wurden, ob gespachtelt oder anderweitig versiegelt und für bestimmte, nicht bekannte Versuche geflogen wurde. Gegebenfalls Ersatzmaschine für Hochgeschwindigkeits-Angriff-Flüge auf Bodenziele als „CAS", Close Air Support, Luftnahunterstützung.

...

Abb.:

Die North American P-86 wurde als Jagdflugzeug nie mit geraden Tragflächen als Prototyp gebaut, sondern gleich mit den neuen, aus Deutschland kommenden 35 Grad Pfeilflügeln ausgestattet, um später in Korea gegen die 35 Grad Pfeilflügel der Mig 15 kämpfen zu können.

Weil man wohl sehr genau wusste, dass in Korea die F-86 gegen die Mig-15 treffen würde, die ebenfalls die 35 Grad Flügel aus Deutschland erhalten hatte.

North American reworked its Navy XFJ-1 Fury jet fighter with sleeker lines to meet a 1944 Army Air Forces requirement. However, predictions suggested the straight-wing XP-86 (concept model shown) offered little over what was already in development elsewhere. Substitution of swept surfaces promised markedly improved performance, as pursued post war (San Diego Aerospace Museum)

Insert

NAA F-86 Sabre
Influenced by Me 262 PF Pfeilflügel

The only known photo of the XP-86 straight wing design at mock-up, which was unveiled at Inglewood in June 1945. Only the left side of the mock-up was finished and inspected on June 20th 1945. Although the XP-86 never went beyond the mock-up stage, its Navy cousin, the XFJ-1 Fury went into full production, becoming the first operational jet fighter for the Navy. (NAA)

Abb.:

Mock-up, 1:1 Holzmodell des P-86 Prototyps. Hier noch mit geraden Tragflächen.

Im September 1945 änderte man die Tragflächen auf eine 35 Grad Pfeilung, wie bei den - erbeuteten - Me 262 PF Versionen.

Wohlmöglich zeigten erste Flugerfahrungen noch aus Deutschland im Krieg, als auch erste Testflüge nach Kriegsende in den USA, die großen Vorteile eines Pfeilflügels, was unter anderem hohe Fluggeschwindigkeiten betrifft.

Gemäß Legende orientierte man sich an den ersten Windkanalversuchen der Me 262 HG II, die bei Messerschmitt im Krieg vorgenommen wurden.

Außer acht wird wohl gelassen, dass man nicht nur kleine Windkanalmodelle der HG Versionen fertigte, sondern, dass wahrscheinlich die SS und Hans Kammler sich der Pfeilflügler von Messerschmitt annahm und diese in Serie unter anderem im B-8 „Bergkristall" in Niederösterreich noch vor Kriegsende für Spezialoperationen, wie Bodenangriffsflüge mit atomaren und chemischen Waffen produzieren ließ.

Der erste flugfähige Prototyp der NAA P-86 Sabre hatte sogar einige Bauteile der Vorflügel der Messerschmitt 262 erhalten, da man diese Vorrichtung zum Langsamflug, insbesondere beim Landeanflug von der Me 262 für die ersten sieben produzierten „Sabres" übernommen hatte.

Im Grunde war die F-86 eine vergrößerte Me 262 mit vergrößertem und leistungsstärkerem Strahltriebwerk.

Unklar ist, ob bereits während des Krieges zumindest die Verschwörer unter der U.S. Armee von den neuen HG-Versionen von Messerschmitt Kenntnis besaßen und den Bau dieser Muster für ihren Krieg mit der Wehmacht gegen die Sowjetunion forcierten.

Und ob man neue, schubstärkere Triebwerke, wie von Heinkel, bereits im Krieg für die Me 262 PF vorsah und diese auch schon in Serie produzieren ließ. Es sollen ja mehr als 10 solcher Heinkel HS 011 Strahlturbinen nach dem Krieg für die Amis gebaut und in die USA geliefert worden sein.

…

Abb.:

Das Foto soll bei Hughes Aircraft in Culver City aufgenommen worden sein.

Bei den Hughes Aircraft Works wurden auch andere deutsche Beutemaschinen, die in die USA geholt wurden, wieder aufgearbeitet und flugfähig gemacht.

Sodass Howard Hughes auch ein Geheimnisträger gewesen sein könnte, der von geheimen deutschen Maschinen wusste, die durch sein Flugzeugwerk geschleust wurden, wie ggfs. auch die Pfeilflügel Messerschmitts.

Nachdem geheime Flugtests in Ohio beendet waren, wurde obige, normale Me 262 zerlegt und wieder zu den Hughes Flugzeugwerken verbracht. Dort wurde die Messerschmitt erneut zusammengebaut, die Triebwerke am Boden einem Testlauf unterzogen, aber keine weiteren Flüge unternommen.

Obwohl bei den Hughes Werken, war die Me 262 immer noch Eigentum der AAF und Wright Patterson.

Howard Hughes wird Kenntnis von den Erprobungen mit dieser Me 262 als Schnellflugzeug gehabt haben und wollte die Gelegenheit nutzen, genau mit dieser Maschine Flugrennen in den USA zu gewinnen.

Gemäß Gerüchten soll General Hap Arnold etwas dagegen gehabt haben, das eine „Nazi-Maschine" von Howard Hughes gesteuert, bei einem dieser Flugrennen teilgenommen hätte.

Interessant wäre zu wissen, ob die spezielle Lackierung in Grün und Blau bei der obigen regulären Maschine, um sie schneller und windschlüpfriger zu machen, ggfs noch auf deutsche Forschung in Sachen HG „Hochgeschwindigkeitsjäger" zurückzuführen ist.

Also die Blechstöße sauber zu verfugen und einen glatten, glänzenden Anstrich anzubringen.

Hier fängt nun die Ablenkung/Verschwörung an. So heißt es in einem amerikanischen Bericht über die T2 4012:

„After a short time in storage at Hughes, it became clear to the leadership of the new USAF that our own technology was already far ahead of where the Nazis had been a few years earlier, and there was nothing to be gained in further testing of the ME-262. Thus, the aircraft was given to **Cal Aero Technical Institute at the Glendale airport**, where it was used as a hands-on teaching tool for student aircraft mechanics."

Anmerkung:

Nach dem Krieg flossen die deutschen Erkenntnisse in der Aerodynamik in die neuen Projekte der Amerikaner ein, siehe NAA P-80, sodass die deutschen, im Krieg in Massen produzierten Kampfmaschinen, die mangels Ressourcen und schlechten Triebwerken kein weiteres Entwicklungspotential mehr hatten, veraltet waren und uninteressant wurden.

Es wurde aber nicht die reguläre Me 262, wenn überhaupt, sondern die Me 262 PF, die HG II Version mit den 35 Grad Pfeilflügeln nach Gendale zu Cal Aero für weitere Studien abgegeben.

Denn Howard Hughes erhielt ja nur eine reguläre, allseits bekannte Me 262 A-1 mit geringer Flügelpfeilung, die auch noch in glänzend, dem RLM 70 Schwarzgrün entsprechend, auf der Oberseite gehalten war und keine weiß lackierte Me 262!

Die normale Me 262 dient ja bis heute nur der Propaganda, um vorzugaukeln, das nur einige Me 262 A-1 Versionen als Beute in die USA kamen, und nicht auch PF TL-Jäger.

So heißt es, gemäß absichtlich gestreuter Legende, dass im Jahre 1954 die Me 262 T2 4012 vom Schrottplatz gerettet, und nach Chino, Cal. gebracht wurde

Dort endete oben abgebildete reguläre Me 262 schlussendlich im „Planes of Fame Museum" und ist heute, originalgetreu restauriert und mit den originalen, funktionierenden Jumo 004 Triebwerken sogar wieder flugfähig.

Während die HG II, die Me 262 PF in weiß gehalten, von der Bildfläche verschwunden ist, da diese neuen Hochgeschwindigkeitsjäger, zusammen mit der HG III Version ja nie offiziell in der Luftfahrthistorie existiert hatten.

Nur im Dritten Weltkrieg Szenario waren die HG II und HG III Me 262 für Sondereinsätze vorgesehen, siehe hier das Dokument des Herrn Bu...., wo in Eschborn und wohl auch in Langendiehbach bei Hanau, ggfs. auch im Harz in Nordhausen solche Pfeilflügler mit atomaren Waffen und Giftgas bestückt, die Rote Armee vor Berlin angreifen sollten.

Aber diese PF Version aus den letzten Tagen des Zweiten Weltkrieges wurde von den Siegern und unseren amerikanischen Freunden aus der offiziellen Berichterstattung der Historie des Zweiten Weltkrieges ersatzlos gestrichen und deren Existenz konnte bis heute erfolgreich vertuscht werden.

Interessant, dass man dafür bereits kurz nach Kriegsende eine komplette Ablenkungsgeschichte konstruierte, die bis heute funktioniert! Wer aber konnte Mitte, Ende der 1940 Jahre in den USA absehen, dass die Story mit den zwei Registrierungen T-2 4012, die man erst einmal herausfinden muss, also mit der regulären Me 262 A-1 T-2 4012 bis heute, Stand 2023, immer noch wirkt und nicht durchschaut wurde?

High Speed
Ground Attack Flight Pattern
Live Drop
of Nuclear Weapons in Low Level Flight

Wahrscheinlich wurden zuerst auf dem Wright Field, der späteren „Wright Pat AFB" in Ohio, USA, mit einer, auf Hochgeschwindigkeit getrimmten Me 262 A-1, die dafür speziell umgebaut und präpariert wurde, Flugmanöver geübt und herausgearbeitet, wie man feindliche Bodentruppen mit atomaren Gefechtsfeldwaffen, hier entweder WG 21, oder WG 42 atomar, gar mit 250 oder 500 Kg Atombomben im Tiefflug bekämpfen kann.

Wurden später in Wendover, Utah mit echten taktischen Atomwaffen in der Wüste auf Scheinziele Angriffe, diesmal mit einer Mach schnellen Me 262 PF, HG II, die wegen der Atomstrahlung und der Reflektierung derselben, weiß über alles bemalt wurde, geflogen?

Wendover Airfield

In den USA wurde während des Zweiten Weltkrieges das Wendover Airfield in Utah als Trainingszentrum für Bombenangriffe mit atomaren Bomben im Rahmen des „Projektes Alberta" (mit dem Codenamen „Kingman") ausgewählt.

Wendover in der Wüste von Utah war damals ein einsames Kaff mit kaum Einwohnern und fast immer gutem Wetter und viel Sonnenschein. Die nächst gelegene, größere Stadt war Salt Lake City in 125 Meilen Entfernung.

Siehe hier die Firma Marquardt, die in „I dream of Jeannie", der U.S. Sitcom aus den 1960er verdeckt Erwähnung findet und führend in Sachen „Ram-Jets", Lorinrohre war. Siehe hier zudem die Büchern des Autors zum Thema „Jeannie", eine eingehende Analyse der U.S. Serie, was die darin enthaltenen Geheimbotschaften betrifft, auch was den U.S. Bundes- und Wüstenstaat Utah angeht, wo Atomraketen, Produktion und Geheimerprobung stattfand und immer noch stattfindet.

Der berühmt berüchtigte Bomberpilot Paul Tibbets wählte Wendover Air Force Base für die 509th Bomb Group aus, eine handverlesene B-29 Bomberstaffel, die für den Abwurf der ersten einsatzfähigen Atombomben über Japan bestimmt war.

Nach dem Krieg spielte Wendover eine Schlüsselrolle in der Entwicklung neuer Waffensysteme, auch auf atomarer Basis.

In Wendover wurde die V-1 aus Deutschland getestet (ggfs. auch mit atomarem Gefechtskopf) und andere Gleitbomben, wie die „Fritz X", die auch gegebenenfalls, da im Wendland gelagert, für einen atomaren Gefechtskopf vorgesehen war und eventuell noch mit einem nuklearen Sprengkopf während des Krieges in Deutschland ausgerüstet wurde.

Gut möglich, dass auch eine oder zwei Messerschmitt Me 262, entweder nur die HG II Version mit einer 35 Grad Flügelpfeilung, oder sogar HG III mit 45 Grad Tragflächenpfeilung nach Wendover in Utah kamen, um dort Hochgeschwindigkeitsanflüge im Rahmen von „Close Air Support", CAS mit atomaren Waffen zu üben. Um herauszufinden, wie man am besten an- und wieder abfliegt, damit der Pilot mit Höchstgeschwindigkeit eine nukleare Explosion entkommen kann.

Und um die Angriffsflüge nachzuvollziehen, die man gegen Kriegsende in Nazi-Deutschland in Erwägung zog, um vor den Toren Berlins die Rote Armee mit atomaren Gefechtsfeldwaffen, wie WG 21 und WG 32 atomar zu bekämpfen und auszulöschen.

Wie der Anflug auf ein zu bekämpfendes Ziel am Boden genau erfolgt, scheint bis heute VS-Verschlusssache zu sein, da auch heute noch Jagdbomber, wie in Büchel einige Tornado Maschinen der BW für solche Flüge, dem Abwurf von Atombomben auf den Feind in einem V-Fall vorgesehen sind.

Inwieweit die Piloten, die sich alle freiwillig für solche Tiefflugeinsätze über Feindgebiet mit A-Bomben gemeldet hatten, wissen, dass ihre Missionen ein Flug ohne Wiederkehr sein könnte, ist offiziell nicht bekannt.

Auch in Wendover, oder auf dem Wright Field in Ohio wird man solche Anflugmanöver geübt haben, wie man schnell genug nach einem A-Bomben Abwurf aus der Gefahrenzone einer nuklearen Explosion herausfliegt, abdreht, um nicht in den nuklearen Blast zu gelangen.

In Wendover, Utah könnte es zu „live", also scharfen Abwürfen von nuklearen Bomben, oder Abschüssen von WG-21 Atomgranaten gekommen sein.

Da man ja eine Me 262 PF mit der Registrierung T-2 4012 in weiß lackiert hatte, um ggfs. eine Kernstrahlung zu reflektieren, wenn die Me 262 PF von „Ground Zero", dem Abwurfpunkt in 180 Grad, entgegengesetzt zum Explosionsort im Schnell- und Tiefflug davonfliegt, um wieder die Heimatbasis unbeschadet zu erreichen.

Hier könnte man geübt haben, wie man am schnellsten und besten das Wendemanöver nach dem Abfeuern von WG Atomgranaten ausführt, um einen möglichst geringen Wendekreis zu fliegen, der nicht viel Zeit in Anspruch nimmt.

Gegebenenfalls zieht man die Maschine hoch, fliegt eine halbe Rolle und dreht auf Gegenkurs.

In Ohio auf WP-AFB wird man keine Atomwaffen abgefeuert haben, da das Gebiet dicht besiedelt ist und nicht atomar verseucht werden sollte.

Sodass dort ggfs. nur das oben beschriebene Flugmanöver erprobt hatte, aber ohne atomare Waffen.

Aber nicht mit einer Pfeilflügel-Messerschmitt, die wahrscheinlich dort zu auffällig gewesen wäre und es zu viele Zeugen gegeben hätte.

Also nahm man eine reguläre Me 262 A-1, ohne Waffen und verbesserte die Oberfläche mit einem glatten, glänzenden Anstrich, der so widerstandsarm sein sollte, ein geringeren Luftwiderstand aufweisen sollte, dass man damit ebenso Hochgeschwindigkeitsanflüge ausführen konnte, wie in Wendover in der Wüste von Utah mit einer Me 262 PF, die auch ohne High Gloss Farbanstrich eine Geschwindigkeit über Mach 1 erreichen konnte.

Messerschmitt Me 262 HG III

Da ein Foto, aufgenommen nach dem Krieg auf Freeman Airfield in Indiana, USA, auf dem dortigen Schrottplatz, wo man zu verschrottende deutsche Beutemaschinen sammelte, neben dem unbemalten Heck einer HG II, das vergrößerte Heckleitwerk einer Messerschmitt Me 262 HG III mit 45 Grad Tragflächenschrägung zeigt (siehe Foto oben in diesem Buch), ist es denkbar, dass diese HG III Version ggfs. ebenfalls für CAS-Missionen und dem Abwurf atomarer Gefechtsfeldwaffen vorgesehen war und diese Maschinen auch in den USA dementsprechend nachgeflogen wurden.

Wohlmöglich auch mit neuen, schubstarken Triebwerken, wie das Heinkel Hirth HS 011, von denen einige für Reservezwecken für die Amis noch in Deutschland nachproduziert wurden.

Abb.:

Holz-/Windkanalmodell einer Me 262 HG III mit TL-Triebwerken an den Tragflächenwurzeln.

Abb.:

Sieht man im Hintergrund der Halle, links hinter der Horten Ho IX, den Rumpf einer Messerschmitt Me 262 HG III mit den seitlich am Rumpf angebrachten Strahltriebwerken?

Die Horten Ho 9 und einige andere deutsche Hochleistungsflugzeuge wurden, nachdem sie auf Freemann, Indiana und anderswo intensiv getestet wurden, zum Orchard Place Airport, 803 Special Depot der Douglas Flugzeugwerke nach Chicago verlagert und ausgestellt.

Da das Freeman Field in Seymour, Indiana im Mai 1946 stillgelegt wurde, wurden alle Testmaschinen der USAAF, der deutschen Luftwaffe und einige erbeutete japanische Flugzeuge zu anderen Lagerstätten verbracht.

Zumeist Jagdflugzeuge wurden im 803 Special Depot, Orchard Place Airport, Park Ridge in Illinois eingelagert.

Ob dort in Chicago auch beide Me 262 HG Versionen eingelagert wurden, ist nicht bekannt, bzw. wird vertuscht.

Abb.:

Beachte High Speed Konfiguration (keine Spachtelstreifen, abgeklebte Blechstöße), wie sie bei der regulären, in Deutschland erbeuteten Me 262, Aufklärerversion, von den Amerikanern für spezielle Flugmanöver in Wright Pat 1945/46 vorgenommen wurde. Wahrscheinlich wurden diese Arbeiten zur Aufwertung der Oberflächengüte bei Hughes Aircraft vorgenommen.

Me 262 T-2 4012 nach dem Krieg in den 1950er Jahren.

Die extra lackierten, auf Hochglanz gebrachten Farben Grün, ggfs. RLM Schwarzgrün 70 und Blau, ggfs. RLM Hellblau 65 sind entfernt worden, bis auf ein paar Reste an der Nase.

Man erkennt, die Stoßkanten der Bleche am Rumpf wurden überklebt, die Spachtelstreifen hat man entfernt, um den Rumpf und die Tragflächen des ehemaligen, in Lechfeld erbeuteten Aufklärers mit zwei Reihenbildkameras glatter und windschlüpfriger für Hochgeschwindigkeitsflüge umzugestalten.

Wenn man die Farbe für die geheimen Tests entfernt hatte, wurden hernach wieder deutsche, falsche, Markierungen („old style" Balkenkreuze aus den Anfangsjahren des Krieges) sowie die U.S. Registrierung T-2 4012 neu angebracht, der Identifikation wegen.

Wer, als Käufer und Privatmann hatte dafür genau die „Stencils", die Schablonen, um die zuvor verwendete Ausführung der Balkenkreuze, Hakenkreuz und Registriernummer wieder dort anzubringen, wo sie zuvor für geheime Tests in Ohio angebracht wurden? Interessant auch, dass wiederum die Steuerbordseite der Maschine für die Fotoaufnahme gewählt wurde!

Warum wurden nicht Fantasiemarkierungen angebracht, wie später nach einer Teilrestauration?

Damit man genau die T-2 4012 als reguläre Me 262 wieder erkennen kann, wie schon auf den anderen Fotos?

Man gab und gibt sich viel Mühe in dem Kriegsland USA, die Wahrheit zu verschleiern!

Me 262 PF
in Nordhausen?

Der Beauftragte für die Produktion in den Mittelwerken im Harz, Albin Sawatzki war auch für den Bau des Jumo 004 B Turboluftstrahltriebwerke innerhalb des riesigen Untergrundkomplexes der Mittelwerke verantwortlich.

Dazu heißt es bei Danile Uziel, "Arming the Luftwaffe - The German Aviation Industry in World War II" by Daniel Uziel, Publication 2012, McFarland - ISBN 978-0-7864-6521-7 , auf Seite 249-

"The completed aircraft were supposed to be **flown out from the nearby Nordhausen airfield**. Sawatzki planned to employ in the new

```
factory 8,000 workers -7,000 of them were to come from the
concentration camp reservoir."
```

Welche Strahlflugzeuge, die mit Jumo Düsentriebwerken ausgestattet werden sollten, wurden von Nordhausen, ggfs. gefertigt unter der Aufsicht der Junkerswerke im „Nordwerk" in Benneckenstein, auf andere Luftwaffenplätze im Reich verteilt, oder direkt in Nordhausen stationiert?

Die „Nordwerk AG" im Harz bei Niedersachswerfen wurde von Junkers hauptsächlich als Zweigwerk zum Bau der Messerschmitt Me 262 eingerichtet. Ab August 1944 wurde hier Strahltriebwerke für die Me 262 und Jumo 213 Reihenmotoren gebaut.

Wann begann, wenn überhaupt die Serienfertigung von Me 262 im Harz? Es sollen auch Me 262 im Eulengebirge produziert oder teilgefertigt worden sein.

Wurden gar Sonderversionen der Me 262 im Nordwerk, neben den (auch neuen) TL-Triebwerken in einer Kleinserie gebaut?

Waren es nur „normale" Me 262 A-1, die Jagdversion, die in Massen gegen den Feind geworfen werden sollten?

Oder waren unter der Fertigung, die von dem NS-Staatsbetrieb JFM kontrolliert und organisiert wurde, auch Sonderversionen, wie die Messerschmitt 262 Pfeilflügler.

Wir erinnern uns, die Junkerswerke sollen auch in den Bau der 3m durchessenden Abfangjägerdrohne, dem Flugkreisel verwickelt gewesen sein.

Gegebenenfalls auch in die Fertigung, ob Teile, komplette Baugruppen ect., anderer Flugscheiben, oder bestimmte Erdkampfflugzeuge, wie die EF-126, oder des überarbeiteten Raketenabfangjägers Me 263 usw. Sodass JFM eine gewisse Routine in der Geheimhaltung von streng geheimen Sonderprojekten besaß und nur wenige Personen in gewisse Spezialmissionen eingeweiht waren.

Albin Sawatzki, ein deutscher Ingenieur, der am 6. Oktober 1909 in Danzig geboren wurde, war seit 1933 Parteimitglied der NSDAP und Betriebsleiter bei den Henschel-Werken in Kassel. Dort war er u.a. für die Fertigung des Panzerkampfwagens „Tiger" zuständig.

Als Leiter des Arbeitsausschusses „Serienfertigung" von Speer ernannt, beschäftigte sich Sawatzki mit der Produktion des Aggragats-4, der V-2, zuerst in Peenemünde, später in den U-Anlagen bei Nordhausen im Harz.

Ing. Sawatzki ging nicht mit den circa 450 Raketenspezialisten gegen Kriegsende nach Oberammergau, wo Wernher von Braun sich nach der Kapitulation den Amerikanern ergab (bzw. sich bei den „Verschwörern" unter den Reihen der U.S. Armee andiente und weiter für den Dritten Weltkrieg tätig wurde).

Einen Befehl zur Zerstörung von „Dora Mittelbau", der weitläufigen Stollenanlagen im Kohnstein (oder nur Teilbereiche davon) setzte Sawatzki mit der Begründung, die gesamte Anlage „wäre etwas so Großartiges und Imposantes und einzigartig auf der ganzen Welt", nicht um.

Anmerkung:

Wahrscheinlich gab es nicht nur in Deutschland zu jener Zeit noch weitere U-Anlagen, die so großartig und imposant wie „Dora Mittelbau" waren! Sondern auch anderswo in der Welt. Ganz zu schweigen in heutiger Zeit, wo unterirdischen Fertigungs- und Wohnstätten, ob auf der Erde, oder im Weltall, siehe Mond, Mars usw., sicherlich noch viel beeindruckender sind, als die damaligen Untergrundinstallationen!

Das nicht Zerstören des Kohnsteins war ja auch nicht unbedingt im Sinne derjenigen, die den Krieg fortführen wollten, diesmal mit bestimmten Gruppen aus der U.S. Armee gegen die Sowjetunion. Untertage im Harz wurde neueste Hoch- und Rüstungstechnologie für den Kampf der West-Alliierten gegen die Russen in Serie gefertigt, unverzichtbar für einen nuklearen dritten Weltkrieg.

Sawatzki wurde aus Rache von KZ-Häftlingen, die im Harz bei Dora-Mittelbau schuften mussten, am 13. April 1945 schwer misshandelt, und ein Tag später von einigen U.S. Befragern verhört.

Am 1. Mai 1945 kam Albin Sawatzki unter ungeklärten Umständen (Selbstmord) in Warburg, Westfalen ums Leben.

So die Legende.

Sawatzki soll in Wimbledon, England zum Verhör gewesen sein, noch nach dem 1. Mai.

Wurde hier wieder ein Mitwisser geheimer Machenschaften, der zudem noch interessant für die Amerikaner im Kalten Krieg war, aus der Schusslinie genommen? Sodass Sawatzki weder vor ein Kriegsgericht kam, noch kompromittierende Aussagen in der Öffentlichkeit machen konnte? Aussagen, warum Dora-Mittelbau erhalten bleiben sollte, als Produktionsstätte für die Amis nach dem Krieg?

War Sawatzki genauso „verschwunden", ums Leben gekommen, „Selbstmord begannen", wie u.a. auch Dr. Hans Kammler?

Hat Albin Sawatzki stattdessen weitergemacht, diesmal in U-Anlagen in den USA, wie in den Wüsten von Nevada oder Utah?

Zu einer möglichen geheimen Produktion neuester Luftwaffen-Hochleistungsflugzeuge kann man in einem U.S. Forum für Luftfahrthistorie folgendes erfahren:

Dass in der unveröffentlichten Autobiographie des ehemaligen Technikers Walter Kaaden, dieser sich erinnert, dass er um den 11. April 1945 von der „Task Force Lovelady, 2nd Batallion (Reinf.), 33rd Armored Regiment, 3td Armored Division" gefangen genommen wurde.

Walter Kaaden wurde am 1. September 1919 in Pobershau/Erzgebirge geboren und verstarb am 2. März 1996 in Thum/Sachsen, Erzgebirge.

Sein Vater war bei den DKW-Werken als Fahrer für den Verkaufsleiter tätig und somit kam Walter Kaaden in Berührung mit Auto- und Motorrad-Technik. Kaaden studierte an der Technischen Akademie in Chemnitz und ging dann zu den Henschel-Flugzeugwerken.

Ing. Kaaden war wohl als junger Techniker (Assistent?) an der technischen Entwicklung der HS 293 Gleitbombe tätig (Bautätigkeit von Prototypen?). Später arbeitete er auch als einer von mehreren Flugingenieuren in Peenemünde (Konstruktion und Zusammenbau von V-Waffen).

Ein „Flugingenieur" ist unter anderem ein Handwerker, ein speziell ausgebildeter Monteur, also hier im Flugzeugbau, der auf Anweisung Flugzeuge, oder Teile davon zusammenbaut oder endmontiert. Wie zum Beispiel speziell angelernte Flugingenieure in den Waldwerken von Messerschmitt, die den Zusammenbau, der von KZ-Arbeitern gefertigten Teile überwachten.

So wird Ing. Kaaden bei der Entwicklung der Henschel-Gleitbombe das Praktische an einem Prototyp umgesetzt haben, was ein Dipl.-Ing. am Reißbrett zeichnerisch vorgegeben hatte. Also, wo ein Steuergerät, wie und wo am besten montiert wird, die Befestigung der Flügel usw.

Nach der Bombardierung von Peenemünde gelange Walter Kaaden als Flugzeug-Monteur mit praktischer, technischer Erfahrung in den Harz, wo er wieder an der Konstruktion der Hs 293 Flügelbombe teilnahm.

Wohl war Kaaden danach unter anderem als Flugingenieur am Zusammenbau von Luftwaffengerät (Mistel) auf dem Flugplatz Nordhausen tätig, als er im April 1945 gefangen genommen wurde.

Nach dem Krieg machte sich Walter Kaaden als Ingenieur und Tüftler im Motorrad-Rennsport in der DDR verdient.

So soll Monteur im Flugzeugbau Walter Kaaden in seiner Autobiographie sinngemäß geschrieben haben, was er als junger Flugingenieur in Nordhausen erlebt hatte:

„Anfang April 1945, die Amerikaner waren gerade einmal 50 km von uns entfernt.

Ich war einer „Aufräumtruppe" auf dem Fliegerhorst Nordhausen zugeteilt worden (siehe auch die Schilderung des jungen RSHA-Mitarbeiter Helmut Bung… in Eschborn im April 1945, wo vier Me 262 PF flugbereit gemacht wurden, wobei zwei fluguntüchtig, wieder in Hangar-Bunker abgestellt, versteckt wurden).

Wir hatten den Befehl, **alle auf dem Platz abgestellten Flugzeuge zu zerstören,** darunter sogar einige **voll aufgetankte Messerschmitt Me 262.**

Uns wurde gesagt, das Flugbenzin in den Tanks sei zum Abfackeln zu verwenden.

Wir tränkten die Tarnnetze mit dem abgelassenen Treibstoff und zündeten eine Maschine nach der anderen an.

Insgesamt 30 brennende Flugzeuge erzeugten ein wahrlich höllisches Inferno. Schwarzer Rauch quoll kilometerweit in den Himmel.

Einige USAAF Doppelrumpf Lightnings umkreisten die Szene und flogen
aber alsbald weiter . . . "

Fliegerhorst Nordhausen

Der Fliegerhorst im Harz diente in der Hauptsache zur Schulung angehender Luftwaffenpiloten. Es fanden auch einige Flugerprobungen statt, denn es befand sich eine Flugwerft auf dem Fluggelände (wo auch Walter Kaaden als Monteur beschäftigt gewesen sein könnte).

Das so genannte „Vater und Sohn" Tandem, das „Huckepack-Flugzeug", Mistel-Kombination von zumeist Ju 88 G und FW-190 wurden außerdem bis kurz vor Kriegsende in Nordhausen endmontiert und Piloten darauf geschult.

Auch hier könnte Walter Kaaden als Flugingenieur an der Montage der Mistel Baugruppen beteiligt gewesen sein.

Bis zum Ende des Krieges wurden in Nordhausen außerdem einfliegende Flugzeuge, die einen Zwischenstopp einlegten, wieder aufgetankt.

So heißt es, das nach Einnahme durch die U.S. Armee im April 1945 sechs Junkers Ju 88 Mistel-Komponenten, plus zwei Focke-Wulf 190 Führungsflugzeuge unbeschädigt den Amerikanern übergeben wurden.

Das würde heißen, dass Flugingenieur Kaaden, der eben noch Luftwaffen-Flugzeuge endmontiert hatte, nicht, die auf dem Platz fertig gestellten Mistel-Flugzeuge abgefackelt hatte, da sie ja intakt den vorrückenden Amerikanern übergeben wurden.

Welche Maschinen dann, die man nicht dem heranrückenden Feind übergeben wollte oder sollte?

Welche Messerschmitt Me 262 Strahljäger standen auf dem Platz und wurden ggfs. von Flugingenieur Kaaden im Auftrag der Messerschmittwerke, bzw. von JFM zusammengebaut und betriebbereit gemacht? Um sie danach hastig wieder durch Feuer zu zerstören, also deren Einsatzbereitschaft zu Nichte zu machen, damit sie nicht dem Feind in die Hände fallen?

Vernichtete man reguläre, schlecht, in einer U-Anlage, oder oberirdisch im „Nordwerk", Benneckenstein, gar innerhalb des Kohnsteins von KZ-lern zusammengeschusterte Me 262? So wie die Strahler in Massen hauptsächlich in Süddeutschland, um Regensburg und Augsburg in Schatten- und Waldwerken von Zwangsarbeitern gefertigt wurden?

Oder bestimmte, sauber gebaute Sonderversionen, wie die Me 262 PF, HG II als Schnellbomber, die im Tief- und Schnellflug Sonderwaffen, wie taktische, nukleare Gefechtsfeldwaffen auf die Russen vor Berlin abfeuern sollten? Gar eine geheime Produktion von Erdkampfflugzeuge, wie die Junkers EF-126 mit DU-Bordmunition, wie sie in Eschborn bei Frankfurt zum Endkampf bereit standen?

Insert

Benneckenstein-Oberharz (GER)

General: landing ground (Landeplatz) in Thuringia 18 km NNW of Nordhausen. History: 1928 listed as a civil landing ground (Verkehrslandeplatz). No further information or mention of wartime use by the Luftwaffe found. Surface and Dimensions: **grass surface.** Infrastructure: none noted.

Nordhausen (GER) (51 28 45 N - 10 47 30 E)

General: airfield (Fliegerhorst) 60 km E of Göttingen in Thuringia; airfield located 2 km S of Nordhausen. History: existed in 1928 as a civil landing ground before being taken over by the Luftwaffe in 1934-35. Inaugurated as a Lw. Fliegerhorstkommandantur by 1 October 1936. Primarily used as a training base after mid-1940.

Dimensions: approx. **942 x 915 meters** (1030 x 1000 yards). **Surface and Runways: slightly sloping grass surface. No paved runway.** Landing area had a beam approach system.

...

Dispersal: **3 dispersal are**as, Southeast, Southwest and West with a total of 1 large open aircraft shelter, 2 medium open shelters plus 9 parking stands.

...

Remarks:

...

21 Feb 45: low-level attack by VIII Fighter Command P-51s - claimed 2 x Ju 188s damaged.

(Courtesy: Henry L. DeZeng, German Airfields)

Anmerkung:

Weder Benneckenstein noch Nordhausen hatten – offiziell – Betonrollbahnen für Strahlflugzeuge.

Ob auch hier heimlich solche Betonbahnen gebaut und gut getarnt wurden, wie die Rollbahnen im Wald von Frankfurt/M., wäre denkbar.

Interessant ist, dass ab März 1945 keine Angriffe, oder zerstörte Luftwaffenmaschinen von der USAAF in Nordhausen aufgelistet wurden. Es sei denn, der Platz wurde seit Februar 1945 nicht mehr angegriffen, was eher unwahrscheinlich ist.

Zudem von Interesse ist dieser Hinweis aus einem U.S. Forum:

„In the early 1990s a serious guy who worked there during the war showed me a "**Raketengestell einer Me 262**" on the ground in the woods by the Peenemünde airfield . . . "

Beachte hier das Starten von Me 262 aus dem Stand heraus mit Raketenantrieb als Zusatzantrieb aus einer geneigten Startröhre, siehe Hinweis von Ludwig Bölkow bei Bunker in Österreich!

Hätte man fertig gestellte Me 262, aber auch Arado Ar 234, die im Harz, ob bei Benneckenstein oder unterirdisch im Kohnstein, auch von Flugzeugschleudern in die Luft gebracht, um die Maschinen dann auf einem geeigneten Flugfeld in der Umgebung zu komplettieren und einsatzbereit zu machen?

...

Wer gab die Order, diese, in Nordhausen stehenden, eventuell kompromittierenden, streng geheim zu haltenden Flugzeuge, die für einen Dritten Weltkrieg, der nuklear geführt werden sollte, vorgesehen waren, schnellstmöglich verschwinden zu lassen, sie zu vernichten, zu verbrennen, damit man alle Spuren für immer verwischen kann?

Siehe hier auch die Schilderung eines Zeitzeugen in Langendiehbach bei Hanau. Dort abgestellte Me 262 wurden nicht in die Inventarlisten für Beutegut der Amerikaner aufgeführt.

Oder die Me 262 PF TL-Jabos in Eschborn bei Frankfurt/M, die entweder gen unbekanntes Ziel (Nordhausen?) abgeflogen sind, oder wieder in Hangar-Bunker, unter der Erde versteckt wurden, wo sie ggfs. später von den amerikanischen Besatzern, unbeobachtet, still, heimlich und leise entsorgt wurden.

Messerschmitt Pfeilflügel nach dem Krieg

So heißt es in einem Buch über die schweizerische Flugzeugindustrie, dass der schweizerische Zoll im April 1945 eine unauffällige Paketsendung abgefangen hatte, die als „Zeitungssendung von Deutschland nach Spanien" deklariert war.

Das Paket enthielt technische Zeichnungen von strahlgetriebenen Pfeilflügel-Messerschmitts!

Das Paket gelangte nun (absichtlich) in Schweizer Hände. Die wertvollen technischen Beschreibungen neuester, deutscher und weltweit einzigartiger Luftfahrttechnologie wurden umgehend an die EFW, die „Eidgenössische Flugzeugwerke" in Emmen zur Auswertung weiter geleitet.

Dort, in den Schweizer Flugzeugwerken wurden die geheimen und wertvollen Dokumente umgehend kopiert, damit die Originale wieder ihren ordnungsgemäßen Weg per Post nach Spanien antreten konnten, als wären sie nie abgefangen worden.

(Wollte man, dass die Schweiz und dortige Spezialisten die deutschen HG Messerschmitt Unterlagen erhielten, weil man wusste, dass dieses - und andere - deutsche Flugzeuge nach Kriegsende untergehen würden, für immer?

Wo sind diese Unterlagen der HG-Versionen heute? Wer hat Möglichkeiten, in der Schweiz diese Dokumente „auszugraben"?!!)

In der Schweiz wurden daraufhin die Erkenntnisse aus den deutschen Geheimpapieren zur Verbesserung der Flügel an dem Projekt EFW N-20, einem Jagdflugzeug mit vier Strahltriebwerken, die in den Flügelwurzeln verbaut werden sollten, umgesetzt.

Die EFW N-20 "Aiguillon", etwa „Stinger", zu deutsch „Stachel" war das erste, eigene schweizerische Flugzeugprojekt einer Düsenmaschine, das noch während des Krieges in Europa begonnen wurde. Gegen Ende des Zweiten Weltkrieges wurde die vierstrahlige „Stachel" entwickelt.

Zu Versuchszwecken wurde zuerst ein antriebsloser Segler im verkleinerten Maßstab und, ein mit einem Düsentriebwerk ausgestatteter Versuchsträger Probe geflogen.

Es wurde zwar eine N-20 „Stinger" als Prototyp von EFW erwirklicht, aber nie geflogen, wie auch nie eine zweistrahlige Variante der „Aiguillon" realisiert worden ist.

Ob das Narrativ, dass Pfeilflügelentwicklungen aus Deutschland in das Schweizerische N-20 Projekt einfliesen sollte, nur eine Ablenkungsgeschichte war und immer noch ist?

Die Sendung mit geheimen Messerschmitt Flugzeugdokumenten sollte aber in das deutschfreundliche Spanien gesendet werden.

Dort wurden die spanische Hispano Aviation Flugzeugwerke im Jahre 1942 in Sevilla gegründet.

Bis 1959 wurden Varianten der berühmten Messerschmitt Me 109 als HA 1109, A-1110 und HA-1112 mit zumeist britischen Rolls-Royce Merlin Motoren in Lizenz gefertigt.

Ab 1952 befand sich in Sevilla ein technisches Entwicklungsbüro, das extra für Willy Messerschmitt eingerichtet wurde.

Ob der Flugzeugkonstrukteur Willy Messerschmitt schon früher dafür auserkoren wurde, in Spanien bei Hispano, Projekte aus der Kriegszeit, die er in Deutschland entworfen hatte, in Spanien zu verwirklichen, ist unklar.

Aber, es sollten ja noch 1945 einige Konstruktionsunterlagen der Messerschmitt Pfeilflügler, wohl unter anderem die HG II und HG III Versionen per Post nach Spanien gelangen.

Sodass eine mögliche Herleitung wäre, dass man eines der fortschrittlichsten Jagdflugzeuge eben nach Kriegsende nicht mehr in Deutschland verwirklichen konnte, aber wegen eines geplantem Dritten Weltkriegs, nämlich „Operation Unthinkable", Start Sommer 1945, diese Projekte unter anderem in Spanien weiter bauen wollte. Um eventuell diese Hochleistungsflugzeuge gegen die Sowjets im nächsten, nuklearen, Krieg einsetzen zu können.

Wohl wollten auch die Verschwörer unter den Reihen der U.S. Armee deutsche Hochtechnologie aus dem Rüstungssektor gerne für sich behalten und schafften unter anderem diese Technologie in Länder, die ebenfalls eine Nazi-Ideologie vorweisen konnten, wie eben Spanien, ggfs. auch nach Argentinien (Peron) und an weitere geheime Orte. Wie eventuell an den Südpol, abgeschiedene Bereich in Kanada, gar auch an den Nordpol (Thule).

Siehe hier auch die Atomgranaten, die in Südspanien, irgendwo an der Costa del Sol, ggfs. in einer, in den Bergen der Sierra Blanca versteckten U-Anlage von deutschen Forschen und Wissenschaftlern entwickelt und auch produziert wurden.

Siehe hier zudem die Story einer vermutlich testgeflogenen Me 262 in Israel, die ggfs. absichtlich vernichtet wurde, damit die Israelis nicht deutsche Wunderwaffen im Nahostkrieg der 1940er Jahre einsetzten konnten.

Ob die Pfeilflügel-Messerschmitt ggfs. noch in Prag und Umgebung während der Endphase des Krieges gefertigt werden sollten, ist denkbar. Sodass die Tschechen nach dem Krieg, die ja reguläre Me 262 wieder aufarbeiteten und selbst in ihrer Luftwaffe einsetzten, diese den Israelis, die im tschechischen Satec eine Schulung auf Me 109 unternahmen, angeboten haben könnten. Oder, man riet den Israelis, sich an Messerschmitt in Spanien zu halten, weil dort ggfs. ein heimlicher Bau und Erprobung deutscher Me 262 HG II und III und deren Weiterentwicklungen unter Aufsicht von Franco (und Kräften aus den USA) stattgefunden haben könnte.

Aber die Pfeilflügeltechnologie und die Messerschmitt Projekte mit Pfeilflügeln gingen nicht nur in den Süden, nach Spanien.

So gibt es die Story, das:

„...im Frühjahr 1945 **ein Angestellter der Messerschmitt**-Werke, der geheime Dokumente der SS mit sich führte, beim illegalen Übertritt der deutsch-schweizerischen Grenze verhaftet wurde. **Im Herbst 1945 kam Frid Warnström,** Projektleiter von Saab, in die Schweiz und prüfte dort die Unterlagen. Er erkannte deren Bedeutung und begann darauf basierend die Entwicklung der **Saab 29**.

Als Basis der Entwicklung diente das Messerschmitt-Projekt P-1101.

Insgesamt wurden während der Entwicklungsphase vier Prototypen gefertigt.

Frid Benjamin Filippus Wänström wurde am 8. Mai 1905 in Linköping geboren und verstarb auch dort am 11. September. Er arbeitete nach seinem Studium zuerst in Stockholm im Amt für Wehrtechnik, um dann, ab 1936 Leiter der Konstruktionsabteilung bei Saab AB in Linköping.

Ob Wänström in Stockholm bei einer amtlichen Einrichtung des schwedischen Staates bestimmte, auch Auslands- Kontakte innehatte, die man später dazu nutzte, ihn in „Verschwörungen" mit einzuspannen, wäre denkbar.

In einem englischen Wikipedia-Beitrag heißt es, dass

„Documents preserved by "Saab Veterans", Linköping clearly show that **Wänström picked up information on Me 262 II and III as well as Me 163**, but nothing on P.1101; information, courtesy of Art Ricci, KTH Stockholm, via Ernst Hirschel, 29 March 2022.

Anmerkung:

Das Messerschmitt-Projekt Me P 1101 ging ja auch an die Amerikaner und Bell Aircraft!

Die U.S. amerikanische Flugzeugfirma Bell Aircraft war mehrere Wochen in Oberammergau mit dem Auswerten von Unterlagen zum Bau der Messerschmitt P-1101 beschäftigt.

Aber in Oberammergau könnten, nach Einmarsch der U.S. Armee bereits die Unterlagen zur Me 262 HG II und III nicht mehr vorhanden gewesen sein, da sie unter anderem heimlich nach Spanien gingen, wenn auch mit dem Umweg über die Schweiz, zu Allen Dulles und den dortigen OSS Ableger in Bern.

Und zuerst in der Schweiz abgefangen wurden (nach Hinweis und mit Wissen gewisser U.S.-Stellen?), sodass Warnström dort diese, nun kopierten technischen Zeichnungen begutachten konnte.

Aber Saab baute nicht neue, weiterentwickelte Varianten der Me 262 Pfeilflügler. Sondern die P-1101, die ggfs. von den USA aus propagandistischen Gründen (bis heute) „freigegeben" wurde, während die Me 262 HG II und III bis jetzt und darüber hinaus als Einsatzflugzeug und Atomwaffenträger für den Dritten Weltkrieg weiterhin vertuscht bleibt.

Siehe Hinweise oben im Buch, wo man wohl nicht einmal wollte, dass in Ohio auf WP-AFB deutsche Pfeilflügel-Messerschmitt probegeflogen wurden! Da man wohl Angst hatte, sie könnten irgendwie auf ein Schnappschuss, ein Foto gelangen, das dann irgendwann an die Öffentlichkeit geraten könnte (und worauf der Autor dieses Buches hofft, dass im Hintergrund eines Bildes entweder Me 262 HG oder gar einmal der Flugkreisel auftaucht).

Man machte eine reguläre Me 262 A-1 in Wright Field so schnell, (Ausbau der Waffen, neue, glänzender Farbanstrich), um annähernd die Flugleistungen der HG II zu erhalten, die ja, ganz in Weiß wegen Reflektion der Atomstrahlung nur in den abgelegenen Wüstengebieten in Utah oder Nevada probegeflogen wurden, wo ggfs. Einsatzbedingungen beim Abwurf von Atomwaffen im Tiefflug geübt worden sein könnten.

Die Frage ist, ob die Saab Konstrukteur Wanström in der Schweiz die bekannte Messerschmitt Me 163 in den erbeuteten Unterlagen aus Oberammergau zu Gesicht bekam?

Oder den weiterentwickelte Abfangjäger Me 263 mit zwei Triebwerken und größerer Reichweite und Flugzeit. So wie man Teile dieses neuen Raketenabfangjägers in Kassel-Waldau bei Fieseler oder in Langendiehbach bei Hanau fand. Me 263, die ggfs. bereits in Rhein-Main auf neuen Rollbahnen der Startbahn West stationiert gewesen sein könnten, um U.S.-Einrichtungen im Rhein-Main Gebiet bis hinauf zu Pattons U.S. Army HQ in Bad Nauheim gegen einfliegende sowjetische Atombomber zu sichern.

Man könnte nun spekulieren, ob die Schweiz, wo ja auch ein Kontakt mit Leslie Groves vom U.S.-Manhatten Projekt mit Schweizer Forschern bestand, ggfs. deutsche Luftfahrt-Hochtechnologie zumindest eingelagert werden sollte (siehe hier die „Schnez-Armee", die aus der Schweiz - aber auch aus Spanien - heraus die noch junge BRD gegen die Sowjets und DDR-Truppen verteidigen sollte).

Darunter, in der Schweiz in Geheimdepots, neben Atomgranaten (aus spanisch/deutscher Produktion) ggfs. auch Jagdbomber, wie die Me 262 HG II für die U.S. Verschwörer und deren Dritten, nuklear geführten Weltkrieg. Wie neutral gegenüber den USA ist eigentlich die Schweiz?

Ob auch das „neutrale" Schweden (das heute, Stand 2023 Nato-Mitglied werden will, aufgrund der Bedrohung der Russen, die 1945 nicht von den Amerikanern von der Landkarte getilgt wurden) als ein Standort für deutsche Wunderwaffen, wie Me 262 HG II, ggfs. produziert von Saab in Lizenz, von den U.S. Verschwören ausgewählt worden war, ist unklar.

Aber auch Schweden, wie die neutrale Schweiz, wären in einem totalen, globalen Nuklearkrieg schwer in Mitleidenschaft gezogen worden.

So, wie man der Schweiz gewisse Dinge von Seiten der USA, was die Auswirkungen eines Nuklearkrieges in der Schweiz betrifft (Atombomben sichere U-Anlagen, medizinische Versorgung) versprochen haben könnte, so könnte dies auch für Schweden gegolten haben.

Sodass als Gegenleistung die Schweden für die U.S.-Verschwörer deutsche Hochtechnologie, wie Me 262 HG II und III, dazu ggfs. Me 263 Abfangjäger vorproduzierten und einlagerten, damit diese als Nachschub in einem Totalen Nuklearkrieg aus den neutralen Ländern heraus zur Verfügung gestanden hätten. Und gleichzeitig die deutsche Luftfahrttechnologie für ihre eigene Luftstreitkräfte nach Kriegsende, im Kalten Krieg zum „Wohle der USA" nutzen durften.

Dies alles müsste natürlich vehement vertuscht werden. Insbesondere, dass eben „neutrale" Länder wie die Schweiz und Schweden, aber auch das deutsch- und NS-freundliche Spanien von den USA in deren weitreichende Kriegpläne mit eingespannt worden sein könnten!

Eine Verschwörung unserer amerikanischen Freunde ohne Gleichen!

Messerschmitt Me 262 an Bord von U-234?

So heißt es auf der Web-Seite „Deutsches U-Boot Museum" mit dem Titel: „Geheimnisvolle Fracht" über das deutsche, von alliierten Flugzeugen versenkte U-Boot U-234 unter anderem:

„Die Mythen um U 234 halten sich teilweise hartnäckig bis heute.

Hauptbestandteile dieser Mythen sind die nachweislich 560 kg Uranium-Oxyd an Bord, die angeblich ein japanisches **Atombomben-Programm** unterstützen sollten und in Teilen sogar in der Atomwaffenproduktion der USA (angeblich sogar Bestandteil der US-Atombomben im August 1945 auf Hiroshima und Nagasaki) geendet haben sollen, sowie angeblich **zerlegte V 2-Bauteile**, mindestens eine (es werden teilweise sogar bis zu drei Flugzeuge genannt) komplette, aber **zerlegte Me 262**, und Teile von Me 163, Me 309 und Me 323, die in den USA dann entsprechende Entwicklungsprogramme nachhaltig beschleunigt haben sollen.

Die Me 262 Teile sollen angeblich am 16.05.1945 heimlich in **Casco Bay** entladen, danach auf dem US-Testflugplatz **Wright Field in Dayton, Ohio** mit Hilfe der Messerschmidt-Ingenieure von U 234 zusammengebaut und erfolgreich geflogen worden sein.

Anmerkung:

Die „Casco Bucht" befindet sich an der südlichen Küste des U.S. Bundesstaates Maine.

Dort befand sich im Zweiten Weltkrieg eine kleine Naval Air Station, NAS. Diese unterstützte die Aktivitäten der U.S. Navy in diesem Seegebiet.

Es gab dort, auf der NAS einen großen Hangar und davor eine weite, betonierte Abstellfläche für Seeflugzeuge mit Schwimmern, die zu Wasser gelassen werden konnten.

Gut denkbar, dass man dort eine, in Kisten zerlegte Messerschmitt Me 262 (PF) anlandete und weiter ins Inland, nach Ohio zur genaueren Untersuchung abtransportierte.

Vorstellbar ist, dass es sich bei diesem Messerschmitt Me 262 TL-Jäger nicht um eine herkömmliche Maschine handelte, da diese den Alliierten aus verschiedenen Quellen bereits bekannt gewesen sein musste.

Sondern, dass es sich hier ggfs. um eine Pfeilflügelversion gehandelt haben könnte, also eine HG II oder HG III Version.

Die Japaner bemühten sich, auch Düsenjäger zu entwickeln und noch im Krieg einzusetzen:

Die Nakajima „Kikka" war ein erster Versuch, eine verkleinerte Version der deutschen Me 262 zu entwickeln, wenn auch nur mit geraden, ungepfeilten Tragflächen.

Der deutschen Me 262 weitaus mehr ähnlich war die Nakajima Ki-201 „Karyu", die zum Standardjäger der Kaiserlich Japanischen Luftwaffe werden sollte. Alle japanischen Düsenjäger erhielten in Japan entwickelte Strahltriebwerke.

Also wäre es gut vorstellbar, dass man den Japanern im Rahmen des Technologieaustausches, und da beide Nationen, Deutschland und Japan Atommächte waren, die neueste Pfeilflügeltechnik zuschanzte, um moderne und vor allen Dingen, schnelle Kampfflugzeuge zu besitzen.

Denn auch in Japan könnte eine Me 262 PF, eine HG II mit 35 Grad Pfeilflügeln, aber auch die 45 Grad Version, die HG III als schnelle Erdkampfflugzeuge zum Abwurf von nuklearer Munition, wie Luft-Bodengranaten, oder dem Versprühen von Giftgas zur Bekämpfung von Truppenansammlungen am Boden vorgesehen gewesen sein.

So, wie dies Herr B. in seinem Schreiben angedeutet hatte, wo mehrere PF Versionen in Eschborn bei Frankfurt/M. einsatzklar bereit standen, um WG 21 und WG 42 atomar vor Berlin auf die Russen zu verschießen.

Dann wird auch klar, dass die Amis sehr schnell die Pfeilflügelversion, sofern diese sich an Bord von U-234 befand, testen und auswerten wollten.

Denn in ihren eigenen U.S.-Beständen befanden sich zu jener Zeit noch keine Strahljäger mit gepfeilten Tragflächen, die schnell genug waren, Atomwaffen abzuwerfen und durch die überlegene Fluggeschwindigkeit relativ schnell aus dem Gefahrenbereich, der nuklearen Explosion, dem „Ground Zero" zu entkommen.

Solche Manöver zur Vermeidung atomarer Kontamination könnten man als entsprechende Flugmanöver sowohl in Dayton, Ohio, als auch in Wendover, Utah erprobt haben.

Ob das, in U-234 mitgelieferte, strahlende Material eventuell für die Herstellung von eben atomarer Abwurfmunition für die Me 262 PF gedient haben könnte, werden nur Originaldokumente aufzeigen können.

Diese Unterlagen werden aber noch für viele Jahrzehnte, wenn nicht gar für immer, geheim gehalten werden.

Auch das U-Boot U-864 hatte deutsche Sonderflugzeuge an Bord

So heißt es über das deutsche U-Boo U-864 unter anderem:

„U 864 … lief am 07.02.1945 von Bergen aus. … Es hatte 2 japanische Waffenexperten, Nakai (Treibstoffexperte) und Yamato (Akustik-Torpedoexperte), 2 Ingenieure der Firma Messerschmitt an Bord sowie Baupläne der Messerschmitt Me 163 und die Me 262, sowie Teile dieser Maschinen.

Auch an Bord befanden sich Pläne der TL-Motoren Jumo 004 und BMW 008. Es waren insgesamt 69 Kisten mit Material. Ebenfalls an Bord waren 1.875 Gussflaschen mit Quecksilber mit ungefähr 61 t dieses Materials."

Anmerkung:

Ob es sich bei der Messerschmitt Me 163 um das bekannte „Kraftei", den Abfangjäger „Komet" handelte, oder um die vergrößerte Version, die Me 263, die als Objektschutz -, und Abfangjäger bestimmte Anlagen schützen sollte, ist unklar.

Unklar ist, ob auch Nippon der Flugkreisel, eine 3 m im Durchmesser kleine Abfangdrohne, per U-Boot geliefert bekommen hatte, und, ob sich jemand im japanischen Kaiserreich bereit gefunden hatte, dieses rotierende Fluggerät zu fliegen und zu erproben.

Oder, ob man von deutscher Seite aus bereits eine ferngesteuerte Version des Flugkreisels in den Fernen Osten lieferte, um damit hochfliegende, angloamerikanische Boeing B-29 abfangen zu können, gar diese, wie in Schweinfurt 1944, durch eine atomare Explosion zu vernichten.

In Kassel, aber auch in Langendiebach bei Hanau, ggfs. in Giebelstadt und Frankfurt am Main könnte man in den letzten Tagen und Wochen des Zweiten Weltkrieges bereits einige neu gefertigte, größere Me 263 Raketenjäger mit zwei Triebwerken am Heck für den nächsten Krieg, der im Anschluss an den Zweiten Weltkrieg im Sommer 1945 beginnen sollte, stationiert haben. Um wichtige Kommandostellen der Amerikaner, der U.S. Armee, die bis hoch nach Oberhessen und der Kurstadt Bad Nauheim reichten, vor Angriffe sowjetischer Groß- und Atombomber zu verteidigen.

Denkbar, dass man auch den Japanern solche Raketenjäger mit gesteigerter Reichweite zukommen lassen wollte, um z.b. deren Atomanlagen in Nord-Korea vor Angriffen der Russen im Dritten Weltkrieg zu schützen.

Auch vorstellbar wäre, dass man den Japanern deutsche Raketentechnologie zur Verfügung gestellt hatte, um deren Atombomben (siehe Bericht über geheime, japanische Atomforschung und der möglicherweise vorhandenen japanischen Atombombe in heutigen Nord-Korea) in Gefechtsköpfe verbaut, gegen die Russen in der Mandschurei zu verschießen.

Walter Horten holding a scale model of the Horten 10B in Baden-Baden, Germany in 1987

Im Rahmen des Volksjägers Notprogramm hatten auch die Horten Brüder ein Projekt parat, obwohl sie nicht an der Ausschreibung zum Entwurf eines neuen Volksjägers teilnahmen, der bestimmte Parameter aufweisen sollte.

Die Horten Ho X sollte mit einem einzelnen TL-Triebwerk angetrieben werden. Dies hätte entweder ein BMW 003 E mit 900 kp Schub, oder ein Heinkel Hirth HS 011 Triebwerk mit 1.300 kp Schub sein können.

Das Cockpit war druckbelüftet.

Bewaffnet wurde der kleine Nurflügler Jagdeinsitzer, der sich in der Konstruktion und Auslegung an die bekannte Ho XI anlehnte, mit einer einzelnen Mk-108 30mm, oder einer Mk 213 30mm Kanone im Bug und zwei MG 131, 13mm in jeder Flügelwurzel.

Es wurden noch einige kleinere Versuchsmodelle mit circa 3m Spannweite gebaut, um unter anderem den c/g, den Schwerpunkt zu ermitteln.

Denn bei einem Nurflügler ist der c/g sehr wichtig, der sich jedes Mal verschiebt, wenn sich die Tanks leeren, die Munition verringert, Bomben abgeworfen werden usw. Siehe hier die Erprobungen, die Rudolf Opitz bei der DFS im Krieg vorgenommen hatte, um den jeweiligen Schwerpunkt eines Nurflüglers zu ermitteln. Wie bei einer Waage mit verschiebbaren Gewichten, könnte man auch bei einem Nurflügler den unterschiedlich verlagerten c/g, „Center of Gravity" ausgeglichen haben, damit die Maschine immer gut ausbalanciert bleibt.

Ein 1:1 Gleiter war noch im Bau, soll aber nicht mehr fertig gestellt worden sein.

Hier sein an eines der Bücher (Elektrostatische Flugkörper: Dipl-Ing Josef F. Blumrich und der Bibel-Schwindel) des Autors erinnert, wo über dem „Tierstein" und einem Bauernhof bei Dietingen, nahe Stuttgart berichtet wurde. Dort hatte ein ansässiger Bauer, der zuvor bei den Horten Brüdern gearbeitet hatte, seinen Hof den Horten Brüdern zur Entwicklung und Erprobung neuester Nurflügler zur Verfügung gestellt.

Ob in Dietingen die Ho 10 gegebenenfalls in Modellform erprobt wurde, gar mit einer Schleuder in die Luft katapultiert wurde, oder ob bemannte 1:1 Prototypen Anstelle der oben erwähnten, noch nicht zur Verfügung stehenden TL-Triebwerke von BMW oder Heinkel, mit Staustrahl-/Lorinrohren getestet wurden, könnten die Personen wissen, die auf dem Hof wohnten oder die Geschichte des Hofes in letzter Zeit aufgearbeitet hatten.

Ob die Horten Ho X nach dem Krieg in den USA, gar in der Sowjetunion als Prototyp und Versuchsmuster realisiert, als „UFO" gesichtet wurde, und ob Walter Horten das Konzept nach dem Krieg nochmals in Latein Amerika neu auflegen wollte, wer kann diese Fragen beantworten?

Horten Flying Bomb

Projekt aus Argentinien nach dem Krieg:

Abb.:

Start von einer V-1 Startrampe.

Hätte man auch, statt V-1, Horten Flügelbomben im nächsten Krieg abgefeuert?

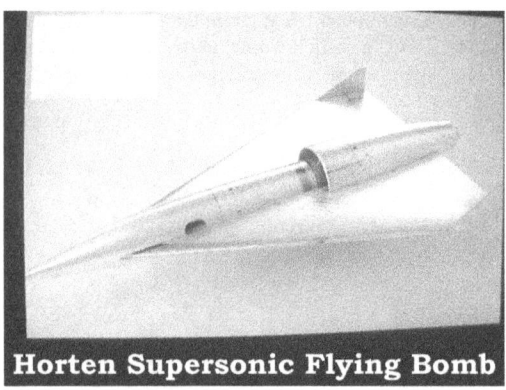

Abb.:

Beachte „V-2 Rumpf", Ringlufteinlass, Deltatragflächen und Winglets

Ob dieses Projekt bereits im Krieg angedacht wurde und Peenemünde und Wernher von Braun darin verwickelt war? siehe Nurflügelprojekt mit „Wernher von Braun Raketenantrieb", besprochen in eines der Bücher von KPR.

Mobile Flugzeug-Schleudern

Es gab verschiedene Ausführungen, wie man Flugzeuge oder bestimmte Flugkörper in die Luft schleudern konnte.

Abb.:

Eine bemannte v-1, aufgenommen in Neu Tramm, „Raum 2" im Wendland, wo wahrscheinlich Atommunition und Atomsprengköpfe verfüllt wurden.

Könnte der lange Anhänger eine Flugzeugschleuder gewesen sein?

Abb.:

Mobile Abschussrampe für die U.S. Version der deutschen V-1, der „Loon".

Basierte die mobile Schleuder auf Erkenntnisse und Beutematerial aus Deutschland, wo es ggfs. nicht nur für die „Kirschkern", sondern auch für andere Flugkörper, gar kleine Jäger aus dem Notprogramm des „Volkjägers, die man vor Ort, aus den Produktionsstätten heraus in die Luft brachte und wo kein Flugfeld oder betonierte Rollbahnen zur Verfügung standen?

Robert Goddard
und seine Rakete

Der amerikanische Raketenpionier Robert Hutchings Goddard wurde am 5. Oktober 1882 in Massachusetts, USA geboren und verstarb (wurde verstorben?) nach einer Operation im August 1945.

Zwei US Patente mit den Nummern 1,103,503 und 1,102,653, die Goddard einreichte, enthalten immer noch aktueller Beschreibungen für ein Raketenprojekt mit flüssigem Treibstoff, sowie für eine ein, zwei- oder dreistufige Rakete mit Festbrennstoff.

Mit Flüssigkeitsraketen experimentierte der U.S amerikanische Raketenpionier Robert Goddard von 1916 aufwärts.

Erste Bodentests mit einer neuen Rakete, die Goddard entwickelte, fanden am 6. Dezember 1925 statt, ein erster, erfolgreicher Raketenstart, wenn die Rakete auch nur sehr kurz flog, fanden am 16. März 1926 statt.

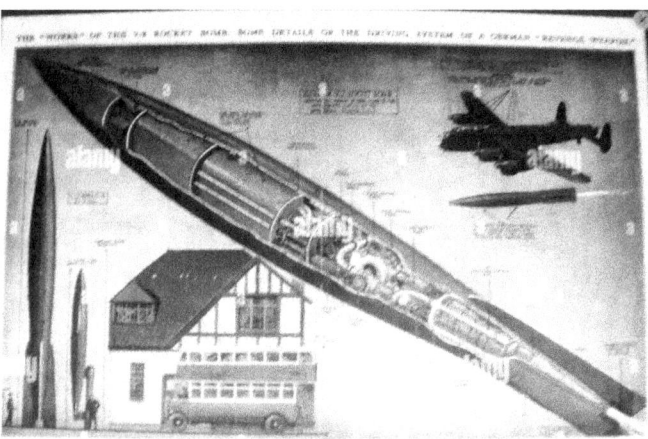

Abb.:

So stellte sich ein britisches Magazin die deutsche V-2 vor, die über der Hauptstadt London herunterkam und Tod und Verderben unter der Zivilbevölkerung brachte.

Die Rakete wirkt schmaler, hat kleinere, länglichere Flossen am Heck und besitz nur eine geringe Ähnlichkeit zum bekannten Aggregat-4 aus Peenemünde.

Wobei interessant zu erfahren wäre, ob die Technik im Inneren des Raketenkörpers von den Briten annähernd nachkonstruiert worden ist, oder auf Entwicklungen einer Flüssigkeitsrakete von Robert Goddard beruht.

Abb.:

Kleinere Ausführung von Robert Goddards Flüssigkeitsrakete in Roswell, N.M., USA in den 1920/30er Jahren.

Abb.:

Weder der Transportwagen, noch die „V-2" auf dieser englischen Zeichnung aus dem Krieg haben etwas mit der deutschen Entwicklung des A-4, dem Meilerwagen und dem Abschuss der Rakete aus Peenemünde zu tun. So fehlt u.a. der Starttisch, der die Abgase seitlich weg leitete.

Welche Rakete wird hier dargestellt?

Eine reine Fantasiezeichnung eines englischen Zeichners, die nur annähernd der deutsche V-2 entspricht? Oder hatte derjenige aus England bestimmte Quellen, aus denen er sich bedienen konnte, um obige V-2 und wie sie aus Nazi-Deutschland gen England verschossen werden sollte, zeichnerisch darzustellen?

Wäre es denkbar, dass die U.S. Amerikaner vor dem Krieg Wernher von Braun und dem deutschen Heer, Pläne einer Großrakete, auf Basis von Goddards Forschungen zugespielt haben, die bereits in den USA in allen Details ausgearbeitet worden war?

Also, wie die Rakete konstruiert werden sollte, wie die Form des Rumpfes und der Flossen aussah, wie das Treibstoffsystem gestaltet werden sollte und so weiter.

Wurde in den 1930 Jahren in Deutschland zuerst heimlich die amerikanischen Pläne einer Großrakete des U.S. Ingenieurs Robert Goddard umgesetzt und eine Kleinserie von „Goddard-Raketen" vom deutschen Heer aufgelegt und dort, heimlich und unterirdisch stationiert, wo die Amerikaner vor dem Krieg, in den 1920/30er Jahren bestimmten, wo genau ihre Festungsanlagen in Europa, respektive Deutschland für WK III gebaut werden sollten.

Nämlich, unter anderem im Jonastal in Thüringen!

Wo es angeblich Bautätigkeiten aus 1932 gab, sodass bereits in unterirdischen Stollen das Nazi-Symbol, ein Hakenkreuz, (auch eine Erfindung unserer amerikanischen Freunde) an einer Stollentür prangern soll.

Mit Flüssigbrennstoffraketen fanden erste Versuche in der Heeresversuchsanstalt in Kummersdorf in Jahre 1932 statt. Im Jahre 1936 wurden erste Anforderungsprofile für die spätere V-2 herausgebracht:

Eine Tonne Nutzlast, die über 250 Kilometer bei einer Abweichung von 1 Promille (250 Meter) verschossen werden soll.

Das endgültige Aggragat-4 wurde ab 1939 entwickelt und zum ersten Mal im Jahre 1942 erprobt.

Wurden Raketen, die vor dem Aggregat-4, der V-2 von Peenemünde entwickelt wurden, nach möglichen Vorgaben der Amerikaner konstruiert?

Um möglichst schnell erste Erfahrungen im Bau von Großraketen zu erwerben, um dann in aller Ruhe und für die Öffentlichkeit eine plausible Erklärung liefern zu können, das Wernher von Braun schlussendlich das „Aggragat-4", die V-2 entwickeln konnte, die unter anderem die „moderne" (aber nur für die Öffentlichkeit vorgegaukelte) Raumfahrt einleitete.

Weil es wahrscheinlich bereits seit den 1920 Jahren aufwärts eine groß angelegte, internationale, gar supranationale Raumfahrt unter Beteiligung vieler Länder auf Erden gab, um das Universum zu erobern und zu besiedeln.

Fact or Fiction?

Halluzinationen im Jonastal und im Eulengebirge

Hier kommen wir in den unbestätigten, fantasievollen „Science Fiction" Bereich des Zweiten Weltkrieges.

Sind die Geschichten, angebliche Berichte, die über unterirdischen Anlagen, über fortschrittliche, moderne Atomforschung, ja den Bau von gleich mehreren Atombomben, die von Hobbyforschern z.b. im Internet kursieren, wahr oder größtenteils erfunden?

Sind es alles Märchen, erfundene Erzählungen, Desinformation oder gar alles spezielle Halluzinationen?

Hier zum Beispiel die Aussage eines gewissen Martin Stade, eines „Schriftstellers", eines „Dichters", dessen Ausführung aber, wie immer in dieser Welt, mit Vorsicht zu genießen ist:

Echt, Dichtung, gar reine Desinformation:

„Am 22.11.**1940**. Ab Lager Krahwinkel mit 54 Mann Abmarsch. Am bewussten Stollen Jonastal Abschuss-Standort „A-9".

Dort ein Stollen in den Berg, fünf Meter breit. Davor eine **glatte Fläche, 3,30 m hoch, 340 m lang**.

27.5.1941 fertig.

Dann kam ein Hohlraum, der schon vorhanden war. Eine große Halle, 21 m hoch, 20 m breit, 29 m lang. Dort wurde gearbeitet. Es waren dort Häftlinge, etwa 140. **Es wurde an Teilen von Raketen gebaut: 2,20 m Durchmesser, 18 m lang und bestand aus drei Teilen.**

Zwei Raketen standen drin schon gebaut.

54 Mann am 30.05.1941 dort weg, in Lager Nähe Espenfeld. Dort sechs Baracken, 550 Häftlinge, 130 m im Lager.

Am 3.6.1941 neue Arbeit, . . . nach 57 Mann über Weg nach Bittstätt, links zum Bienstein bis über Hohlraum „A-9". Dort ein Schacht, 5 mal 5 m, 12 m tief, unten ein Stollen nach Norden, 3,20 m breit, 9 m lang, dann Hohlraum mit Maschinen, Trommeln mit Seilen und dann noch ein Schacht, 4 mal 4 m, 130 m tief, mit Fahrstuhl bis Hohlraum „A-9".

Vom Hohlraum aus gearbeitet und zum, von dem schon genannten Stollen aus, einen Stollen 9 m vom Hohlraum entfernt nach Norden, drei Meter dreißig breit, 4,2 km lang, bis 16. August 1942 in Stein aufgehört (Kalkstein).

Bei Abschuss bei Abschussbasis raus, zurück ins Lager.

20.08.1942, neue Arbeit mit 57 Mann. Serpentinen in Richtung Bittstätter Löbchen bis zu Lämmergraben . . . Stollen in den Berg, 3,30 m breit, 2,50 m hoch, insgesamt fünf Stollen je 75 m lang. Dort **wurden Raketen installiert, zwei Meter fünfzig lang, 33 cm Durchmesser.** In jeden Stollen **33 Raketen** installiert, bis zum April 1943.

27.04.1943 zurück ins Lager.“

-Ends -

Anmerkung:

Ist der Bericht echt?

Oder von der Stasi und der DDR erfunden und wird von Erfüllungsgehilfen aus dem In- und Ausland, bis heute - Stand 2023 - in der Öffentlichkeit aus Propagandagründen verbreitet?

Wo wurden die unbekannten Raketen entwickelt, und funktionsmäßig erprobt? Wo schossen die Großraketen mit 18 m Länge in den Himmel, dass kein Zeitzeuge je etwas davon mitbekam?

Waren es Flüssigkeits- oder Feststoffraketen?

Warum bekam dies niemand mit?

Angeblich soll man so eine – oder eine ganz andere – Rakete vor kurzem per Geo-Radar im Untergrund des Jonastals gefunden haben.

Erfunden und halluziniert? Gefälschte Geo-Radar Bilder, wenn ja, zu welchem Zweck?

So schön erfunden und geschönt, wie ein Wikipedia-Eintrag über Martin Stade im Internet?

Hier einige bemerkenswerte Auszüge über diesen Herrn der ex-DDR:

Martin Stade war der Sohn eines Maurers und einer Fabrikarbeiterin (sehr schöner Lebenslauf eines „Proletariers“, Anm.d.A.).

Er machte eine Lehre als Rundfunkmechaniker von 1946 bis 1949. Von 1949 bis 1958 war er Funktionär bei der FDJ.
…
Ab Mai 1952 war er erster Sekretär der FDJ in Berlin-Kreuzberg. Im November 1952 erhielt er eine Verbandsstrafe wegen „mangelnder revolutionärer Wachsamkeit“ und im April 1953 eine Rüge aufgrund von „schlechter Arbeitsmoral“.

Im Jahr 1967 arbeitete er als Redakteur im Bezirks-Kabinett für Kulturarbeit. Seit 1969 war Stade freier Schriftsteller

Nachdem Martin Stade in seinen frühen erzählerischen Werken dörfliches DDR-Leben geschildert und später historische Stoffe behandelt hatte, **ging es in seiner letzten Veröffentlichung „Vom**

Bernsteinzimmer in Thüringen und anderen Hohlräumen", um die
geheimnisumwitterte Endphase des Zweiten Weltkriegs in seiner
thüringischen Heimat. Dabei handelt es sich um **eine fiktive
Erzählung**, die auf wenig bekannten historischen Fakten beruht."

Anmerkung:

Eine Forscherin, die im Jonastal mit Geo-Radar Messungen durchführt, behauptet
(halluziniert), dass Martin Stade ihr einige spezifische Plätze und Orte im AWO Gelände
zeigte, wo sich unterirdische Bauten befinden sollen. Angeblich wurde danach, mit Hilfe von
Geo-Radar Messungen tatsächlich etwas unterhalb des Bodens gefunden, wie zum Beispiel
Flugzeuge und Raketen in Untergrundhallen.

Interessant, wie eine fiktive Erzählung von Martin Stade reale Funde im Boden auslöst, oder
wieder werden fiktive Funde kreiert von einer so genannten „Hobby-Historikerin", die, für
wen auch immer arbeitet.

Es sei denn, die Funde der Forscherin sind eben auch nur eine „fiktive Erzählung",
„Entertainment" ohne realen Hintergrund.

Die Aussagen des Herrn Stade über „Flugscheiben", die in Deutschland, die seit Beginn der
1930er Jahre, gebaut worden sein sollen, sind nach dem Dafürhalten des Autors dieses Buches
blühender Blödsinn!!!

Eine typische, übersteigerte Halluzination, wie man sie z.b. auch bei der K.I.
„ChatGPT" finden kann, wenn man ihr falsche, schlecht formulierte Fragen stellt. Übrigens
ein Nachteil einer - derzeitigen - K.I., man kann solche „Intelligenzen" mit geschickter
Fragestellung „in die Ecke treiben", verwirren, sie halluzinieren lassen.

Blödsinn von Herrn Stade, wie eine große, unbekannte Rakete aus dem Jahre 1941 und das
Geo-Radarbild eines zweimotorigen Kolbenmotorflugzeug mit großen Vierblattpropellern,
das an den oberen Tragflächenwurzeln je ein Waffenbehälter aufweisen soll, dazu zwei
Strahlrohre am Heck neben dem Doppelseitenruder.

Dies könnten alles Objekte sein, die mittlerweile seit mehr als 75 Jahren unter der Erde
zerfallen zerbrösT, verrottet und zusammengefallen sein müssten.

Es wird von einer merkwürdige Konstruktion einer angeblichen Arado 240 von einer
„Forscherin" berichtet, die weiterentwickelt, als Arado Ar 244 für Höhenjäger-Einsätze gegen
Kriegsende konzipiert worden war.

Davon sollen angeblich mehr als eine dieser „Arado" Maschine in einer unterirdischen Halle
noch heute im Jonastal herum stehen.

Natürlich kann man zur Leistungssteigerung am Heck z.B. Staustrahlrohre, gar „Soft-Fission
Ram-Jets" anbringen, die die Maschine sehr schnell auf Einsatzhöhe von mehr als 10 bis
15.000 m katapultiert.

Sinnvoller wären - abwerfbare - Zusatzantriebe zur Erhöhung der Geschwindigkeit und
Steigrate aber seitlich am hinteren Rumpf montiert, wovon es mehrere Beispiele anderer
Luftwaffen-Einsatzflugzeuge gibt.

Gegebenenfalls kann man auch 30 mm Kanonen rechts und links auf den Tragflächen, statt an den Rumpfseiten, wo die zwei großen, vierblättrigen Propeller rotieren, anbringen, um damit alliierte Höhenbomber zu bekämpfen. Dann müsste man die Schussfolge aber mit der Propellerdrehung synchronisieren, sonst zerstören die Geschosse die Propellerblätter. Aufwendig und unnötig.

Wahrscheinlich ist der Propellerkreis der Vierblattpropeller mit großem Durchmesser aber so groß, das er nur knapp an den Rumpfseiten entlang dreht. Sodass keine Anbauten an den Seiten des vorderen Rumpfes angebracht werden können.

Auch hier wäre das Anbringen von bestimmten Waffenbehältern unterhalb des Rumpfes – aerodynamisch - sinnvoller, siehe z.b. den Heinkel He 219 Nachtjäger. Sodass ungestört der sich schnell drehenden Propeller, frei nach vorne gefeuert werden kann!

Aber wer baut (so unprofessionell) im Jahre 1945 noch mehrere zweimotorige Kolbenmotorflugzeuge eines aufgegebenen Arado-Projektes zu speziellen Jägern um, wo doch Kammler als Beauftragter für Strahlflugzeuge die Messerschmitt Me 262 und He 162 forcierte, die in der Hauptsache in Massen gefertigt werden sollte. Außerdem gab es die Dornier Do 335 und die Ju 388 Varianten, dazu die Ta-152 und weitere Projekte von Höhenjägern.

Ein schönes Märchen aus dem Jonastal, entweder von jemand, der keine Ahnung hat, keine Ahnung haben will und interessierte Personen für dumm verkaufen will. „Für dumm verkaufen", das kann man jeden Tag, 24/7 auf dieser Welt erleben, das ist Programm!

Überdies gibt es da noch eine ebenso fantastische und merkwürdige Legende, dass in Nieder-Österreich in „Bergkristall" eine Me 309 oder gar eine Zwillingsversion, die Messerschmitt Me 609 gebaut werden sollte (die kaum, was die Spannweiter betrifft, in den engen Tunneln und Gängen Platz gefunden hätte). Wieder „das für dumm verkaufen".

Ist die, von einer Forscherin im Jonastal angeblich mit Geo-Radar detektierte Maschine ein Erfindung von jemand, der sich nicht besonders gut im Flugzeugbau auskennt?

Oder absichtlich so schlecht erfunden, halluziniert, dass man es geradezu erkennen und entlarven muss? Interessanterweise ist dies auch Programm auf dieser Welt. Die Fälschung ist so gut oder schlecht gemacht, dass man sie bei genauerer Betrachtung erkennen kann, ja sogar muss!

Bespiele:

„K.I. Menschen", vom Computer kreiert fehlen die „Fuzzy Logic". Die Personen sind zu perfekt und man kann dies erkennen. Oder aktuell, Stand November 2023: Was die Propaganda im Nahen Osten betrifft, wurde ein geschundener Junge, angeblich aus dem Krisengebiet im Internet, in Sozialen Netzwerken gezeigt. Nur, er hatte statt fünf, sechs Finger! Fake, den man sofort erkennen sollte!

Eine Arado mit Kanonen auf den Tragflächen, Großraketen im Jonastal, die Märchen des Herrn St., alle so - absichtlich - schlecht gemacht, von einem geschulten Beobachter leicht zu erkennen: alles Fake, Lug und Trug.

Ganz weit hergeholt könnte man krampfhaft zu erklären versuchen, dass man in einer der unterirdischen Anlagen im Jonastal ein oder mehrere Holzmodell, als „Decoy", als Scheinflugzeuge abgestellt hatte.

Ob dies bereits die Nazis in WK II taten oder die Russen später in Kalten Krieg, wäre denkbar.

Ein zusammengeschustertes Holzmodell, das Ähnlichkeit mit einem Flugzeug hat. So, wie z.B. solche Flugzeug-Scheinziele auf Scheinflughäfen von der Luftwaffe im Krieg aufgestellt wurden, um alliierte Tiefflieger von den richtigen Einsatzmaschinen abzulenken. Damit der Angriff auf, am Boden abgestellte Luftwaffe-Maschinen, also auf Scheinflugzeuge aus Holz erfolgte und somit kein größerer Schaden angerichtet werden konnte.

Vielleicht hatten die Russen im Kalten Krieg auf dem Truppenübungsplatz Ohrdruff ein oder mehrere Scheinziele einer erfundenen Maschine zum Üben aufgestellt, die sie, nach Abzug und Fall der Mauer einfach, da wertlos, zurückgelassen hatten.

Fangen wir außerdem mal an zu träumen und halluzinieren auch ein wenig, und stellen uns vor, einer der Bericht des mutmaßlichen DDR Geheimdienstmannes und Parteimitglied Martin Stade entspricht irgendwo halbwegs, wenn überhaupt, annähernd den Tatsachen. Wenn Stade als Schriftsteller und PG nicht den Auftrag bekam, Märchen über das Jonastal zu verzapfen, weil er so gut fantasieren konnte.

Standen im Jonastal Großraketen, aber auch kleinere Version – ggfs. Flugabwehr-Raketen – die bis heute, Stand 2023, niemand kennt? Wie die ungewöhnliche (aus Desinfo-Maßnahmen erfundene) Arado?

Wenn es dort diese Raketen gegeben haben sollte, wer hat sie gebaut, wo wurden sie erprobt und wie genau waren die Maße und die Nutzlasten?

Oder haben wir hier wieder „Russen-Schrott"?

Hatte gar unser fantasievoller, äußerst kreativer Schriftstellerfreund und DDR-Funktionär Martin Stade einige Informationen über das Jonastal von einem befreundeten Russen erhalten? Gar konnte Stade auf Wissen und Desinformations- und Propagandamaterial der Stasi zurückgreifen, die ihren Großen Sozialistischen Bruderstaat, die Sowjetunion, was deren militärische und sonstige Installationen auf DDR-Gebiet betraf, rigoros ausspioniert hatten?

Könnten ebenso die oben beschriebenen, unbekannten Raketen auf Vorarbeiten des amerikanischen Ingenieurs Robert Goddard basiert gewesen sein? Und wurden Pläne dieser Raketenprojekte den Deutschen überlassen, damit die Amerikaner auf dem europäischen Kriegsschauplatz entsprechende Langstreckenwaffen besitzen würden, käme es zu dem erwünschten Dritten Weltkrieg gegen die Sowjetunion im Jahre 1945, um auf der Erde mit Gewalt neue Verhältnisse zu schaffen?

Siehe die Thesen des Autors KPR betreffend der „Wahren Raumfahrt" und einer Neuen Menschheit auf Erden.

Das ganze könnte noch verrückter werden, glaubt man einer Aussage über geheime, unentdeckte U-Anlagen im Jonastal, die der Autor von einem Augenzeugen erhalten hatte,

Zitat:

„Die Anlage ist da.

In diesen Systemen waren die meisten der U-Anlagen der Nazis die damals nach Thüringen verlagert wurden.

Es ist Sauckels Trutzgau uneinnehmbar, weil es gemacht wurde mit uns nicht bekannter Technologie.

Die meisten Transportwege werden mittels „Teleportation" bewältigt.

Die Anlage ist so etwas wie eine Parallelwelt, in welche man nur mit Hilfe entsprechender Geräte betreten und verlassen kann.

Wie gesagt im 3. Reich schon vorhanden.

Vor ca. 20 Jahren wurden u.a. 7 weitere Anlagen hier in Deutschland geschaffen, die alle an dieses Konstrukt angeschlossen sind.

Eines davon ist der BER.

...

Das eine ist ein unterirdisches System unter Thüringen existent seit mindestens der Zeit des 3, Reiches mit einen Ringdurchmesser vom 41 km gelegen in der Thüringer Erde.

Die Abgänge sind hunderte km lang.

Innerhalb des Fisches und der Ringe sind zahlreiche Systeme gewaltigen Ausmaßes.

-Ends-

Anmerkung:

Hört sich nach Unsinn und wilden Verschwörungsgeschichten, äußerst weh tuende Halluzinationen aus der untersten Schublade an!

Dies ist aber keine normale Welt, in der der Autor KPR lebt.

Wenn hier jemand halluziniert, können die unglaublichsten Geschichten und Verläufe entstehen, die natürlich mit der Wirklichkeit, der Realität nichts mehr zu tun haben.

Übrigens:

Neben der möglicherweise sich in Untergrund befindlichen merkwürdigen, zusammengeschusterten, (absichtlich) zusammen fantasierten „Arado 240" mit Vierblatt-Propeller, Waffenbehälter auf den Tragflächenoberseiten und zwei Strahlrohre am Heckleitwerk, soll außerdem eine Junkers EF-126 im Untergrund per Geo-Radar entdeckt worden sein.

Die auch noch senkrecht gelagert gewesen sein soll. Wer lagert ein Flugzeug senkrecht, auch noch auf dem Pulso Rohr stehend?

Wäre nicht mittlerweile ein Tragegestell nach fast 80 Jahren verrottet, das Argus-Schubrohr, auf dem die Maschine stand, zusammengedrückt und zusammengebrochen. Die Reste der Maschine am Boden zerbröselt, von Erdreich und Felsbrocken zusammengedrückt, alles nur noch ein Haufen wertloser Schrott?

Wurden im Jonastal Junkers EF-126 gefertigt oder eher in Dora Mittelbau, wo auch die, mit Argus Schubrohren ausgestattete Fi-103, die V-1 produziert wurde?

Auch diese Geschichte einer Forscherin nur blühender Blödsinn und gefälscht?

Warum gibt sich jemand, neben Geld aus Werbeeinnahmen eines Video Kanals, für so eine Desinformation her? Weil er nicht anders kann, oder das Publikum zu verarschen, auf Anordnung höherer Mächte?

Aber!

Siehe hier eines der Bücher des Autors, wo ein Zeitzeuge fünf dieser, von Junkers entwickelten EF-126 Erdkampf-Maschinen in Eschborn bei Frankfurt/M. gesehen haben will.

<u>Ausgestattet mit</u> Waffenbehälter und darin enthaltener DU-Munition. Abgereicherte Uran Hartkern Munition, um sowjetische Panzer Ansammlungen vor Berlin, bei der „Schlacht um Berlin", im April 1945 zu bekämpfen.

Dieselben Junkers Maschinen könnten auf einem „Collection Point" in Kassel kurz nach Kriegsende, im Mai 1945, wieder, diesmal bei den Amis aufgetaucht sein, die diese Erdkampfflugzeuge in Eschborn erbeutet und dorthin verbracht haben könnten, zusammen mit Me 262 HG II und HG III Teilen.

Auch die Me 262 Pfeilflügler sollten als Erdkampffluge in die Schlacht um Berlin im April 1945 eingreifen!

Sind im Jonastal die deutsche Geheimdienst-Fälscher aus derselben Gruppe, Einheit, Abteilung, die auch den Flugplatz Eschborn und deren Geheimnisse überwachen (wo man dem Autor KPR das „Bung. . . Dokument" nicht aushändigen wollte), am Werk?

Deutsche Geheimdienste, in Zusammenarbeit mit den Amerikanern und gedungenen „Forschern", die einem gewissen Publikum Märchen kredenzen sollen, als die übliche, geheimdienstliche Ablenkung?

Erst wenn die EF-126 und die ominöse „Arado" das Licht der Öffentlichkeit erblicken sollten, also ausgegraben werden, wird man weitersehen und anfangen können, zu glauben.

Wer nichts weiß, muss glauben, wer glaubt, der weiß nichts!

Alles Lug und Trug in dieser Welt. Besonders im militärisch, geheimdienstlichen Bereich, ob BRD, ex DDR, jetzt Gesamtdeutschland!

Der Bildungsauftrag der friedens- und freiheitlichen Bundesrepublik, nur Propaganda zur Verdummung des deutschen Volkes?

Raketengleiter im Jonastal?

Auf einer Web-Seite mit dem schönen Titel; „bach-cantatas.com-Tour-Ohrdruf" kann man folgendes lesen, hier das Interessante in Auszügen:

. . .

"With the reunification of Germany, DDR archives came to light of **witness accounts** about the **launch of a winged A-4 rocket** on 16 March 1945 from a **rocket sled device** near Jonstal Concentration Camp in the Ohrdruf complex. These archives identified four witnesses to the winged A-4 and one of the **missile in flight** at launch. These archives were later **classified under US pressure**."

Anmerkung:

Eine geflügelte V-2 Großrakete mit Flüssigtreibstoff und Sauerstoff in zwei übereinander liegenden Tanks im Inneren startet normalerweise senkrecht auf einem starken Schubstrahl.

Das eine Großrakete der „A-Serie" je auf einem Startschlitten abgehoben hatte, ist neu.

Im Jonastal soll es unterirdische Raketensilos und oberirdische Startplattformen gegeben haben, warum also soll man eine Rakete mit einem extra aufgebauten Schlitten in die Luft bekommen?

Heute werden bestimmte Raketen unter speziell konstruierte Trägerflugzeuge gehängt und von großer Höhe gestartet, um Treibstoff zu sparen – und, um ggfs. auch die Raumladung in diesen Höhen für einen elektrostatischen Zusatzschub auszunutzen.

Der, in einen der Bücher des Autors besprochene große Nurflügler, ein Überschall schneller Höhenjäger mit großer Reichweite, ausgestattet mit zwei schwenkbaren „Wernher von Braun Raketen-Triebwerken" an den Flügelenden startete von einem Startgestell. Auch der Flugdiskus von Dr. Ing. Miethe wurde von einem Katapult aus in die Luft geschleudert. Der überschallschnelle DFS-346 Höhenaufklärer hätte man ebenfalls von einer Flugzeugschleuder in die Luft mit Hilfe von Zusatz-Boostern bringen können.

Ob all diese Maschinen noch vor Kriegende (oder erst danach) einen Erstflug absolviert hatten, gar von der SS für Sondereinsätze verwendet worden sind, bleibt unklar.

Kleinere, geflügelte Gleiter wurden auch auf Raketenspitze, wie die vergrößerte A-4, die A-8 montiert, was heute wieder aktuell ist.

Hier im Jonastal könnte es sich, neben einer A-4b mit Flügeln, auch um ein anderes Fluggerät, wie beispielsweise kleine Raketengleiter gehandelt haben, die man von einer – mobilen – Flugzeugschleuder, oder einem Schlitten auf Gleisen aus starten konnte:

In einen der Bücher des Autors wird ein Zeitzeuge zitiert, der gegen Kriegsende von atomar bestückten Raketengleitern in Zerbst, die auf Mistel Flugzeuge montiert werden sollten und nach Abwurf ferngesteuert wurden, der dies dem Autor berichtete.

Dies könnten Raketengleiter gewesen sein, die man in Stolpmünde, Rügenwald, Insel Mistroy oder Peenemünde beobacht haben will. Diese kleinen, der V-1 nicht unähnlichen, unbemannten Fluggeräte waren zigarrenförmig mit Flügeln um die 2,50 m Spannweite und Triebwerk am Heck, die glühten, da wahrscheinlich elektrostatisch aufgeladen.

Solche elektrostatischen Gleiter hatten eine große Reichweite und waren sehr schnell und wurden evtl. 1946 über Schweden gesichtet. Eine Reibung der ausgeblasenen Abgase am, mit speziellen Blechen hoher Ionendichte am Heck erzeugte eine elektrostatische Aufladung am Flugkörper.

Siehe hier die diversen, detaillierten deutschen Patentschreiben, die ggfs. gar von Prof. Hermann Oberth selbst verfasst wurden, sowie Beispiele von gesichteten Fluggeräten mit elektrostatischem Antrieb in den Büchern des Autors. Solche Flugkörper, damals von den Alliierten „Foo Fighters" genannt, operieren heute noch in der, von „Chemtrails" leitfähig gemachten Atmosphäre bis hinauf zur Ionosphäre, wo, bei mehr als 28.000 km/h Fluchtgeschwindigkeit, die Erdschwere verlassen werden kann, um in einen erdnahen Orbit einzufliegen.

So heißt es in einem Nachkriegs-Patent, Prof. Oberth verfasst haben könnte, u.a.:

```
Künstliche elektrische Felder, bzw. das Aufladen des Flugkörpers
können durch thermodynamische Prozesse erzeugt werden.
```

```
„So entsteht eine Ladungstrennung am Flugkörper durch die, an
den Düsenwänden sich reibende Gasstrahlen einer Rakete oder
die Flammen eines Luftstrahltriebwerkes.
```

Es sind daher die Flugkörper bevorzugt mit **Reibungsdüsen versehen, durch die Verbrennungsgase abgeblasen** werden. Die Reibungsdüsen können axial und radial und /oder tangential an oder im Flugkörper angeordnet sein. . . ."

Gab es im Jonastal Forschung bezüglich elektrostatischer Antriebe, wie in Peenemünde, oder bei WNF in Wiener Neustadt vor und während des Krieges?

Aggregat-9 mit Piloten

In einem Geheimdienstbericht mit dem Titel „From 353", interpretiert aus dem Englischen, heißt es unter anderen:

„Häftlinge berichteten von Untergrundfabrik in „Berg 315" in J869451. Der Zugang befindet sich an der südlichen Seite des Hügels.

Die Fabrik beschäftigt an die 20 bis 30.000 Zwangsarbeiter, zumeist Russen, Polen und Franzosen usw. Sie fertigen die V-4, eine **Zweimann Rakete bestimmter Bauart**, die in dieser Fabrik teilmontiert wird.

Die Teile werden dann nach Weimar J5271 gesendet . . ."

Anmerkung:

Nun besteht immer das Problem, das Geheimdienstberichte nicht unbedingt der Wahrheit verpflichtet sind, gar ganz, oder in Teilen auch nachträglich gefälscht werden können, je nach Absicht, Sinn und Zweck, sowie Lust und Laune eines Zensors.

Die Anzahl der Zwangsarbeiter, die eine bemannte A-9 bauen, ist recht hoch gegriffen, falls nicht noch diverse Fabriken andere Waffen, wie V-1 oder Raketenteile produzierten oder eine bestimmte Teilefertigung für die Luftfahrtindustrie in „J869541" vorgenommen hatten.

In besagtem Ort wird anscheinend, z.b. nur die Hüllen, der Rumpf und bestimmte Baugruppen einer eventuellen geflügelten A-4 gefertigt. Sodass diese Teile an einem anderen Ort, in Weimar komplettiert und endmontiert werden.

Was ist der Einsatzzweck einer geflügelten A-4?

Eine Atombombe zur Ostküste der USA transportieren und sich todesmutig mit samt der Rakete auf ein Ziel, eine U.S. Großstadt zu stürzen? Gar noch rechtzeitig abspringen, bevor die Rakete ins Ziel stürzt?

Aber die West-Alliierten, die Angelsachsen wollten doch zusammen mit willigen deutschen Wehrmachtssoldaten die Sowjetunion angreifen und Europa vom Kommunismus befreien.

Dann wäre der Angriff auf die USA mit deutschen Massenvernichtungswaffen unsinnig gewesen! Wieder eine schöne Legende unserer amerikanischen Freund, die gerne von sich ablenken möchten, da die USA ja nie etwas mit den Nazis am Hut hatten (außer, das man sie, die Nazis kreiert, gefördert, unterstütz und letztendlich fallen gelassen hatte)!

Man bedenke auch hier, den Aufwand den man betreiben müsste, um einen Angriff mit bemannten Raketen auf Amerika zu bewerkstelligen.

Wenn Massen an bemannten A-4 gegen die Alliierten, in die USA verschossen werden sollten, brauchte man massenweise, gut ausgebildete Piloten, freiwillige, die zudem bereit waren, sich in den Tod zu stürzen.

Gegebenenfalls war die sphärenförmige Druckkabine, in der sich die zwei Piloten befanden, absprengbar, was insbesondere bei einem Re-Entry Verfahren aus dem Erdorbit von Vorteil gewesen wäre.

Auch die Piloten, wie bei den bemannten V-1 Einsätzen, z.B. bei Küstrin, hatten noch die Aussicht, vorzeitig abzuspringen zu können, um ihr Leben zu retten.

Welcher Pilot konnte eine Mach schnelle Rakete Anfang der 1940er Jahre ins Weltall, in die Obere Atmsphäre steuern? Der Flug hätte zumindest halbautomatisch sein müssen. Um dann manuell zu übernehmen, wenn die Rakete über dem Ziel war und diese dann in den Endanflug zu lenken.

Wer hätte genügend Piloten gefunden, die solch ein Unterfangen, Raumflug, Selbstmordeinsatz, oder vorzeitiger Absprung in letzter Minute (bei Überschall) durchführen konnten oder wollten? Freiwillige mag es genug gegeben haben, aber ob diese Leute auch in der Lage waren, ihren Auftrag ordnungsgemäß durchzuführen, bleibt zweifelhaft.

Hätten die A-9 Piloten Druckanzüge erhalten, eine komplette Ausbildung als Astronaut? Nur, um nachher ihre Rakete auf eine amerikanische Großstadt zu stürzen.

Wäre es nicht einfacher gewesen, eine unbemannte geflügelte Rakete fernzusteuern, einen automatischen Flug, wie z.b. mit einer <u>Lochstreifenprogrammierung</u> durchführen zu lassen, um dann, ggfs. mit Leitstrahlsteuerung die Rakete akkurat, mit geringer Streurate auf ein vorbestimmtes Ziel zu lenken?

Mit Hilfe eines Leitstrahlsenders, der z.b. auf dem Dach eines Hochhauses, wie dem Empire State Building in New York heimlich installiert worden war, wie wohl noch geplant war?

Bemannte A-9 mit Piloten, die eine Selbstmordaktion oder ein Himmelfahrtskommando durchführen?

Eher unwahrscheinlich.

Nur eine weitere Propaganda-Ente?

A-8 Produktion bei Erfurt?

Und siehe da, es gibt einen französischen Zeitungsartikel aus der „Paris-Press" mit der Überschrift „Sur Le V-4, dernier Reve de Hitler" vom 18. April 1945, in dem von einer Untertage-Fabrik, die 24 Quadratkilometer groß gewesen sein und sich im Umland von Erfurt befunden haben soll, die Rede ist.

Darin heißt es unter anderem, dass eine Rakete, 15 bis 20 m lang, eine (vergrößerte) A-4, V-4 genannt, mit einer ausgezeichneten Treffsicherheit bei Erfurt durch tausende von Zwangsarbeitern gefertigt worden sei. Die Rakete sollte mit Leitstrahlen gelenkt, und ihre Position soll jederzeit an eine Bodenstation mit Hilfe eines „TFS-Senders", einer Antenne automatisch per Funk gemeldet werden.

Anmerkung:

Was logisch ist, um rechtzeitig bei Erreichen des Apogäum, dem Scheitelpunkt, wo nach Steigflug und Brennschluss, die Rakete in einen antriebslosen Sinkflug übergeht, einen Sprengkopf von der Raketenspitze zu separieren, z.B. eine „Langsame Spitze", die dann auf das entsprechende Ziel zu Boden torkelt.

Die A-8 Rakete aus dünnwandigen Blechen ohne den, nun abgetrennten Sprengkopf fliegt über das Ziel hinaus und zerbröselt in tieferen Luftschichten zu Schrott, zusammengeknüllten Blechhaufen.

Oder man benutze eine „Schnelle Spitze", die weitaus schneller zu Boden rast und mit nuklearem Sprengstoff dann ein feindliches Ziel zerstört, dem Erdboden gleich macht.

Siehe hier die Beschreibung solch einer Leitstrahlsteuerung in eines der Bücher des Autors. Wie z.b. zwei Leitstrahlen, in deren Mitte die Rakete fliegt, die Rakete auf Kurs hält.

Die Sowjets haben damit nach dem Krieg, laut einem damaligen Spiegel-Bericht aus den 1940er Jahren, Versuche an der Küste der Ostsee, mit Schussbahnen in die SU durchgeführt. Der Leitstrahl kam von Kriegsschiffen auf der Ostsee.

So wie deutsche Schiffe der Kriegsmarine und U-Boote gegen Ende des Kriegs einen Leitstrahl im Atlantik hätten aufbauen können, um eine, Funk gesteuerte Reichweiten-A-8 auf Ziele an der Ostküste der USA zu lenken!

Die Frage ist, bei einem entfernten Ziel wie z.b. NYC, ob auch, unabhängig von Leitstrahlen auf dem Meer, ein oder zwei Leitstrahlen aus Deutschland bis nach Frankreich, dann über den Atlantik, die gesamte Entfernung abgedeckt hätten, oder ob die Rakete so auf Kurs gelenkt wurde, dass sie automatisch mit Gyroskop und Messgeräten, dazu eine Lochstreifenprogrammierung, bis zum Scheitelpunkt ihren Kurs halten konnte, um dann den Sprengkopf zu separieren, der letztendlich das Ziel am Boden zerstört.

Ob auch Satelliten im Erdorbit später Leitstrahlen für Raketen hätten aufbauen und senden können, hätte man in Dritten Nuklearen Weltkrieg ab Sommer 1945 aufwärts erfahren können.

Wer der „Sputnik" Satellit und deren Weiterentwicklungen als Leitstrahlsender für die Russen dafür im Kalten Krieg vorgesehen?

Doch dieser atomare Vernichtungskrieg kam nicht auf dieser Welt. Noch nicht?

Einige Berichte, dass dagegen pilotierte V-4 mit todesmutigen Piloten die Rakete auf Ziele in den USA gesteuert hätten, gehören wohl in das Reich der Fantasie und absichtlich gestreuter Desinformation.

Hier will die Propaganda wieder einmal von der eigentlichen Mission, dem wahren Thema ablenken!

Nämlich der Militärischen Raumfahrt und der Nutzung des Alls als Waffen starrende Festung, wie der Erdorbit oder z.B. den Mond!

So auch für den Aufbau **menschlicher Außenposten im Erdorbit**.

Wie eine „Wernher von Braun Raumstation" in Wagenradform mit einer Narbe an Seilen gespannt im Zentrum. Siehe hier das Vorbild, die Vision einer Raumstation des Raumfahrtenthusiasten Hermann Noordung.

Eventuell wurde diese Wagenradstation, das „Wohnrad" in „Riese" auf einem Testgestell aus Beton für eine besondere Kampfstation im Erdorbit erprobt.

Siehe hier in einigen der Bücher des Autors KPR der Vorschlag des deutschen Ingenieurs Krafft Arnold Ehrike, der zumindest in den USA eine Atlas Rakete zu einer bemannten Raumstation umfunktionieren wollte:

Auszug aus dem Buch „Jeannie, The Dark Side of the Dream" von Klaus-Peter Rothkugel.

Der Titel bezieht sich auf die U.S. Sitcom „I dream of Jeannie" mit Barbara Eden und Larry Hagman, USA, 1965/66.

In dieser U.S. amerikanischen Serie der 1960er Jahre werden in den 135 Folgen plus zwei Spielfilmen unzählige militärische „Easter Eggs", Botschaften, Hinweise über eine geheime Raumfahrt der USAF aus den 1950 und 1960er Jahren, den geheimen Aktivitäten der U.S. amerikanischen Air Force was den Flug zum Mond angeht, in Spielszenen von dem Regisseur Sir Alfred Hitchcock für den wissenden und interessierten Zuschauer preisgegeben.

Hier einige Auszüge aus o.g. Buch des Autors KPR:

„Wurde das „Alternate Apollo Progam" von Convair, GE und Glenn Martin als die eigentliche USAF Raumfahrt realisiert, um geheime, militärische Raumstationen, Satelliten und Mondbasen zu errichten?

Einsatzklar für den Kalten Krieg, um einen russischen Atomschlag auf der Erde etwas entgegen setzen zu können?

Eine Raumstation mit einem nuklearen Reaktor hatte Krafft Arnold Ehrike entworfen:

Der spätere Peenemünder Ingenieur Krafft Arnold Ehricke, geb. am 24. März 1917 in Berlin, gestorben am 11. Dezember 1984 in La Jolla, USA, schloss 1942 sein Studium der Luftfahrttechnik an der Technischen Hochschule Berlin ab. Während des Zweiten Weltkriegs war er ein wichtiger Mitarbeiter der Raketenentwicklung in Peenemünde.

Hier begann Ehricke mit seiner Arbeit über zukünftige Raumfahrtprojekte, einschließlich bemannter Raumfahrt und nuklearer Raketenantriebe.

Krafft Ehricke kam 1947 im Rahmen von Operation Paperclip in die USA.

Anfang der 1950erJahre wurde er Mitarbeiter der neu gegründeten Consolidated Vultee Aircraft Corporation, Convair (später General Dynamics) Astronautics Division. Er war an der Entwicklung der erfolgreichen U.S. Rakete „Atlas" beteiligt.

Im Jahre 1954 erhielt Krafft Ehricke die Staatsbürgerschaft der USA.

Im Jahre 1959 war Ehricke Direktor des „Centaur-Programms".

Kraft Ehricke entwickelte die weltweit ersten Raketenstufe, die flüssigen Wasserstoff und flüssigen Sauerstoff als Treibstoff verwendete.

Ab 1974 als Chefwissenschaftler bei der North American Rockwell Space Systems Division entwickelte er Konzepte der interplanetaren und interstellaren Raumfahrt und der Rohstoffgewinnung auf Mond und Mars.

Krafft Arnold Ehricke starb 1984 in La Jolla an Leukämie. Ein Teil seiner Asche wurde 1997 bei der ersten Weltraumbestattung ins All gebracht.

Atlas Orbitalstation

Auszüge aus einen "Hearing/Anhörung des United States Congress, House, Select Committee on Astronautics and Space Explorations, 1958":

Astronautics and Space Exploration

„Project Outpost"

Convair/Astronautics Division of General Dynamics Corporation Atlas Space Station von Krafft Arnold Ehricke

Hier folgender interessante - verkürzte und zusammengefasste - Auszüge aus der Anhörung, Originaltext interpretiert aus dem Englischen:

„ . . . **Gliders bringing new crew** … nach Trennung der zweiten Stufe einer Atlas Rakete, die eine Raum-Mannschaft mit samt einer Raumstation in einen Orbit, **650 Kilometer oberhalb der Erde** gebracht hatte.

Die Atlas Raumstation beinhaltet einen Recreation und Dining Bereich, sowie Quartiere zum Schlafen. Raumanzüge, um die Station zu verlassen, hängen an Haken an den Innenwänden der Raumstation in jedem Quartier.

Die Raumstation wird durch eine Basketball große Öffnung an der Seite der umgebauten Atlas-Rakete betreten.

Eine Parabolantenne dient zur Kommunikation mit der Erde.

Zwei Personen-Raumgleiter, die als „Life Boats", als Rettungs-Beiboote dienen, sind am Heck der Rakete links und rechts verankert.

Ganz hinten am Heck der Atlas-Rakete ist ein **nuklearer Reaktor** verbaut, dessen überschüssige Hitze durch eine rechteckige Abstrahlfläche nach hinten abgeleitet wird.

Die Atlas Raumstation kann in 5 Jahren gemäß Vorschlägen von Convair (Gen. Dynamics) realisiert werden.

Die Raumstation wird **innerhalb der leeren Treibstofftanks** einer, von Sprengkopf und Sprengstoff befreiten Atlasrakete eingebaut.

Atlas-Raketen als Frachter versorgen zudem die Raumstation mit Nachschub von der Erde.

Der Vorschlag einer Atlas-Raumstation stammt von Krafft Ehricke, einem Mitarbeiter, dem Assistenten des Technischen Direktors von Convair-Aeronautics, San Diego, Calif., wo sich die Atlas im

Prototypenstatus befindet.

Anmerkung des Autors:

Wurde dieses Konzept, eine einfache und schnell zu bauende und im Erdorbit zu errichtende Raumstation auf Basis, zum Beispiel der A-4, der A-8 oder anderer Raum- und Interkontinentalraketen aus Peenemünde in den USA in den 1940, 1950er Jahren umgesetzt?

Hatte Krafft Arnold Ehricke dieses Konzept in Peenemünde im Krieg bereits fertig ausgearbeitet, in der Schublade liegen, sodass die USA das Projekt als Kriegsbeute nur noch vollenden brauchte?

Um später, 10 Jahre und mehr als ein Ablenkungs- und Vertuschungsprojekt der Öffentlichkeit als „Atlas-Space Station", einer umgebauten amerikanischen, militärisch genutzte Atlas Rakete nochmals präsentiert zu werden? Die dann aus Budget-Gründen nie realisiert wurde, weil sie ja zu diesem Zeitpunkt, Mitte der 1960er Jahre bereits technisch überholt war?

Wer passte eigentlich durch eine Schleuse, die so groß war, wie ein amerikanischer Basketball? Siehe Abschnitt über Kleinwüchsige!

Siehe hier das amerikanische MOL, dass auch in „Jeannie" angesprochen wird. Dazu der riesige Flugsimulator auf der Edwards AFB, wo man Flüge mit „Winged Spacecraft" simulierte und wo der U.S. Schauspieler Larry Hagman mitfliegen durfte.

Gab es Ende der 1940er Jahre bereits eine umgebaute Großrakete, die von den USA als „Outpost" im Erdorbit stationiert wurde, wie eine deutsche A-8 als Raumstation?

Existierte dazugehörigen Raumgleiter bereits, die die Raumstation mit Nachschub versorgten?

Siehe hier den Raumgleiter im April 1961 im Mittelmeer. Wahrscheinlich auch ein weiterentwickeltes Projekt von Krafft Ehricke.

Wie die Lippisch Projekte Li P-13, ein bemannter elektrostatischer Flugkörper als Raumgleiter, der mit dem Kolloid Kohlestaub eine elektrostatische Aufladung für Flüge in der Raumladung der Erde sowie in der Ionosphäre durchführen konnte. Um die Fluchtgeschwindigkeit von ca. 28.000 km/h zu erzielen, damit der Gleiter in einen Erdorbit katapultiert werden konnte, um z.B. zu einer umgebauten A-4 Außenposten oder der „Wernher von Braun Raumstation" zu gelangen.

Gab es in den 1950 Jahren gemäß diesem Konzept bereits eine militärische Station auf dem Mond, die mit Raumgleiter im Shuttle-Flug angesteuert wurde?

Wurde das Konzept von Kraft Ehricke verwirklicht, noch in Krieg in Erfurt und Weimar, oder nach dem Krieg in den Wüsten der USA und den Steppen der UdSSR?

Bauten ausgewählte Häftlinge bei Erfurt untertage Raumraketen, also die Rümpfe, die dann in oder bei Weimar (Buchenwald, Weimar-Nohra) von Spezialisten als Raumfrachter oder Raumstationen weiter umgebaut wurden?

Nach dem Krieg soll ein Ingenieur, der an dem Konzept einer bemannten A-4b tätig gewesen war, ausgerechnet in der neutralen Schweiz eine technische Blaupause veröffentlicht haben, aus der hervorgeht, wie eine geflügelte V-2 mit zwei Raumpiloten, ggfs. als Frachter oder Personentransporter für Astronauten ausgesehen hat.

In der Schweiz befand sich die, von Agraringenieur Werner Oswald gegründete Firma „Hovag", die für die Schweiz u.a. „Treibstoffzusatz für Motorfahrzeuge", sowie Ersatzsprit aufgrund Rohstoffverknappung im Krieg produzierte.

Bis Ende des Zweiten Weltkrieges wurde so rund 30 Prozent des benötigten Treibstoffs als Ersatzsprit für die Schweiz hergestellt.

Nach dem Krieg wurde bei der „Hovag", die später in „Emser Werke AG" umbenannt wurde, der Brandbeschleuniger „Opalm" entwickelt und produziert, der wirkungsvoller war, als das bekannte „Napalm", das auch vermehrt in Vietnam eingesetzt wurde.

Wenig bekannt ist, dass die, in der Schweiz („neutrales" Land!) ansässige Hovag in bestimmte Waffengeschäfte verwickelt war, wie die Lieferung von Opalm-Bomben in Bürgerkriegsländer, so u.a. nach Burma.

Auch wurde bei Ems in der Schweiz an der Entwicklung einer neuen Flugabwehrrakete gearbeitet.

Dazu bediente sich die Schweizer Firma deutscher Raketentechniker, wie Friedrich Halder, der an der „Wasserfall" gearbeitet hatte. Und eben auch Heinz Stölzel, der wohl u.a. für Peenemünde in Erfurt an bemannten V-2 tätig war. Zuvor war Hauptmann Stölzel als Adjutant des Standortkommandeurs in Peenemünde für das Anlaufen des Flak-Raketenprogramms „Wasserfall" verantwortlich.

Also holte sich die Schweizer Firma Ems zwei deutsche Flak-Raketenspezialisten, wenn auch aus der „zweiten Reihe" in ihr Werk, um selbst eine Flugabwehrrakete zu entwerfen, um wohl damit in das lukrative, weltweite Waffengeschäft groß einzusteigen.

Ob Stölzel also gezielt nach Kriegsende in die Schweiz ging, weil er dort auf Arbeit hoffen konnte, wäre denkbar. Da man wohl in der Schweiz nicht den Anschluss an moderne Waffentechnik verpassen wollte und Spezialisten, auch aus dem ex Nazi-Deutschland in das neutrale Alpenland holte.

Stölzel, der außerdem den SS-Rang eines Rottenführers gehabt haben soll, war aber wohl nicht wichtig genug, um mit „Operation Paperclip" und Wernher von Braun in die USA zu gehen. Denn dort war ja bereits u.a. Krafft Arnold Ehricke tätig, der auch mit der bemannen V-2 im Zusammenhang stehen könnte.

Denn Ingenieur Ehricke wird in das deutsche Weltraumwaffen-Programm im Rahmen der Peenemünder Zukunftsprojekt-Gruppe verwickelt gewesen sein und auch von bemannten A-4b als Frachter und Transporter gewusst, gar diese mitentwickelt haben. Siehe hier den folgenden Abschnitt gleich im Anschluss.

Dass weitere deutsche Spezialisten Schweizer Firmen halfen, zeigt das Beispiel des IG-Farben Wissenschaftlers Johann Giesen. Bei der IG-Farben war er für die Produktion des deutschen Nylons, das „Perlon" zuständig. So konnte EMS statt Benzinersatz nach dem Krieg Kunstfaser für den Weltmarkt produzieren.

Möglich das die einzelnen Segmente des Wagenrades für die „Wernher von Braun Raumstation" aus dem neuen Perlon Material hergestellt wurden, die dann bemannte A-4 in einen Erdorbit zur Endmontage brachten.

Als Trockenübung wird man die Montage einer Wagenrad-Raumstation in Ludwigsburg bei „Riese" auf einem „Test Rig", einer Hilfskonstruktion, desinformatorisch „Fliegenfalle" genannt, erprobt und geübt haben, damit man die Station im Weltall dann zügig aus den zusammengefalteten Einzelsegmenten aus Perlon zusammenbauen konnte.

Weiter mit bis heute geheim gehaltener deutscher Weltraumtechnik:

Der Testpilot Hans Göbel, der nach dem Krieg in geheimen Untergrundanlagen in der Wüste arbeitete, sagte in einem Transcript unter anderem aus:

„ . . . , denn als wir in den USA ankamen, wurden für uns **große Anlagen** errichtet.

Ich nehme an, daß es immer noch existierende US Navy und Air Force Stützpunkte sind. Teile davon waren **tief in der Erde vergraben**, um unsere Tätigkeit zu verheimlichen.

Ich fuhr öfters zwischen der Edwards AFB in Kalifornien und verschieden **Flugplätzen in Nevada** hin und her, und dabei wurde ich angewiesen, die Fluggeräte, die meine deutschen Kollegen konstruiert hatten, einzufliegen.

Ich war einer der wenigen glücklichen deutschen Piloten, die diese Strapazen überlebten. "

Flog Hans Göbel auch Raumgleiter ein, bemannten seine deutschen Kollegen Prototypen von Raumstationen, die aus umgebauten Großraketen bestanden?

Wurde das hoch geheime Peenemünder Raumfahrt-Projekt später, als es eventuell heimlich in den Wüsten der USA nach Kriegsende verwirklicht wurde, an U.S. Firmen abgegeben, wie Convair, um damit in der Öffentlichkeit zu „spielen"?

Um vorzugaukeln, dass man vorhatte, eine einfache Raumstation in den nächsten Jahren zu bauen, aber dass später alles im Sande verläuft, weil zu teuer, technisch überholt usw.

Ing. Kafft-Arnold Ehricke referiert vor Angehörigen des U.S. Congress in den 1950er Jahren:

"The Orbital System as such consists of **three vehicles** . . .

Drei Raumraketen:

Das erste Gerät ist die eigentliche Atlas-Rakete (zuvor im Krieg eine V-2 oder A-8, Anm.d.A.), die unverändert bleibt.

Bis auf die Bewaffnung, die entfernt wurde, um Gewicht zu sparen.

Dann wird eine weitere Atlas Rakete (im Krieg eine A-4b, Anm.d.A.) mit denselben Boostern (oder elektrostatisch, Anm.d.A.) mit einer etwas stärkeren Oberstufe (inkl. Cargo Raumgleiter) ins All geschickt.

Diese Rakete kann entweder Passagiere oder Fracht aufnehmen.

Beim Passagier-System sind zwei „Lift Drag Bodies" mit einer Zwei-Mann Besatzung außen mit jeweils der Unterseite oben links und rechts an der Spitze der Atlas montiert.

Die Cargo-Atlas ist dasselbe Prinzip, nur statt Passagiere ist **Fracht** in den Lift-Bodies (Raumgleitern, bzw. den bemannten V-2 Raketen, Anm.d.A.).

Die Atlas wird innerhalb der nun leeren Tanks mit einer Inneneinrichtung versehen, die die Lift-Bodies in den Orbit gebracht haben.

(Wurde die Inneneinrichtung für eine V-2/A-8 Raumstation in Weimar untertage angefertigt?, Anm.d.A)

Oder statt „Lifting Bodies", Raumgleiter, bemannte A4b mit zwei Raumpiloten, die in einer Kleinserie bei Erfuth montiert wurden, um die Besatzung der Raumstation, oder zuvor die Inneneinrichtung, das „Interior" der bemannten A-4 Außenstation in den entsprechenden Erdorbit zu transportieren?

Zuerst wird die schwere Ausrüstung in den Orbit geschossen und ganz hinten in der Atlas eingebaut, damit der Schwerpunkt hinten liegt und die leere Rakete in Rotation versetzt werden kann.

Danach werden die Wohnräume der Besatzung eingerichtet. Diese sind entweder aufblasbar oder die zuvor zusammengeklappten Einrichtungsgegenstände werden in der Rakete entfaltet und aufgebaut.

Der gesamte Aufbau der Inneneinrichtung geschieht in 400 Meilen, 650 km über der Erde im Orbit.

Könnte diese Beschreibung der amerikanischen Atlas Rakete und dessen Umbau als bemannte Raumstation auch auf die A-4, bzw. die A-8 zutreffen, die man im Krieg als eine erste einsatzfähige Weltraumwaffe, was den Bau in Erfurt und Umgebung betrifft, realisieren wollte?

Astronauten ziehen die verstauten Einrichtungsgegenstände **aus dem Versorgungsschiff**, um sie hernach in der Atlas Raumstation zu montieren.

Aus einem „Versorgungsschiff, wie die geflügelte A-4, die neben den Piloten ein Frachtabteil besitzt?

(Wo wurde der Zusammenbau der A-8 Raumstation und das Komplettieren mit der extra angefertigten, leichten und gut verstaubaren Inneneinrichtung geübt? Im Erfurt/Weimar, in einem Bunkerkomplex in Riese, wo auch Raumraketen hätten ins All starten können? Das Eulengebirge als deutsche „Cape Canaveral"?)

Die Raumanzüge der Besatzung haben ein Heizsystem, um 65 Grad Fahrenheit, 18 Grad Celsius konstante Temperatur im Inneren des Raumanzuges zu gewährleisten.

Nicht die gesamte innere Struktur der Atlas-Raumstation ist überall druckbelüftet. Sodass ein eindringender Meteor keine Chance hat, die gesamte Raumstation zu zerstören.

Die nicht unter Druck stehenden Bereiche werden durch eine Schleuse betreten und zuvor Luft in den jeweiligen Container/Abteil gepumpt, um sich darin aufhalten zu können.

Die Station kann mit allen Systemen in fünf Jahren fertig gestellt werden und würde an die 500 Millionen U.S. Dollar kosten.

Auf die Frage, warum die Röhrenform der Station vorteilhafter, als die einer Fliegenden Untertasse oder einer Sphäre ist, kann, wenn man keine künstliche Schwerkraft benötigt, jede Form denkbar sein.

Wenn man jedoch künstliche Schwerkraft haben möchte, sollte die Auftriebskraft so weit wie möglich vom Zentrum der Rotation liegen (wird durch ein Stahlseil mit Anker, an dem die Atlas befestigt ist, bewerkstelligt, Anm.d.A.).

Eine Ringstation muss einen großen Durchmesser besitzen, um ausreichend künstliche Schwerkraft zu erzeugen.

Bei kleineren Raumstationen ist dies nicht möglich. Eine Doughnut Form kann nur sehr groß im Durchmesser sein, damit durch Zentrifugalkraft eine künstliche Schwerkraft entsteht.

Die Heizung der Station wird mit Hilfe eines 100 Watt Nuklearreaktors . . .

(Siehe hier die Erklärungen in dem Buch „Die Nachträge" von KPR und die entsprechenden Forschungen über nukleare Kleinstreaktoren für die Raumfahrt im Eulengebirge und ggfs. die Verwicklung von Prof. Hermann Oberth oder Prof. Gerlach.)

Übrigens:

Ein Forscher aus den USA, aus „Hollywood", wo man auch sehr viel Fantasie besitzt, hat in der Umgebung von „Riese" in Schlesien ungewöhnliche Betonbauten in einer einsamen und heute Baum bewachsenen und überwucherten Gegend gefunden und gefilmt. Ob es sich bei den „Brückenpfeiler ähnlichen Bauten" gegebenenfalls um Fundamente für eine Plattform handelte, die für Raumfahrzeuge gedacht waren, wäre eine Erklärung.

Professor Hermann Oberth war in Sachen elektrostatischer und elektromagnetischer Flugkörper und Raumschiffe besonders engagiert.

Siehe hier seine angefertigten deutschen Offenlegungsschriften über solche Fluggeräte, die für einen ausschließlich militärischen Einsatz bestimmt waren, auch besprochen in den Büchern von KPR.

Betrieb man im Eulengebirge, so, wie Prof. Struckholdt medizinische Versuche für Raumfahrer durchführte, auch eine geheime – militärische – Raumfahrt mit EM-Motoren?

Siehe auch den Bericht des Autors KPR über Frau Adler und deren Starkstromkabel-Entwicklung bei Siemens in Teil I „Die Nachträge".

Weiter mit der „Atlas" Raumstation, die die deutsche A-8 aus dem Krieg als Vorbild gehabt haben könnte. Entwickelt von dem Peenemünder Ingenieur Krafft Arnold Ehricke, für eine Aufklärung und Bombardierung von Feindländern aus dem Erdorbit heraus:

... zum Erwärmen von Wasser vorgenommen. Eine Solarheizung ist nicht vorgesehen, da die Raumstation entweder in einem äquatorialen oder polaren Orbit positioniert ist, wo sie längere Zeit im Schatten der Erde schwebt.

Originaltext:

Mr. Fulton: „That instrument is no further ahead on development than you originally were when you worked on the V-2 Rocket development!"

Mr. Ehricke: "That is right. **This is a relatively primitive thing** we could **start on right away**, of course, incorporating the improvements that come up in five years, but **it gives us the space capability** and then the option to go ahead from that."

Mr. Fulton: "If we had a lead and had the daring that you had when you advanced the V-2 rocket program, we in the United States would be launching on a program of this spaceship type at the present time."

Mr. Ehricke: "Yes, Sir: this is correct."

Die Atlas-Raumstation war nicht viel weiterentwickelt, als die V-2, aus deren leeren Hülle man eine primitive Orbitalstation hätte bauen können (oder gemacht hat!), die schnell im Orbit errichtet und ausgebaut werden konnte.

Für die Versorgung der Atlas-Raumstation (von der es sogar ein U.S. Plastik-Modell zum Zusammenbauen gab, während das Pendant hier in Deutschland immer noch als geheim eingestuft wird!) sah man Versorgungsraketen und „Drag Vehicles" vor.

Die Raumgleiter hatten Flügeln mit hohem Anstellwinkels, wie die später bekannt gewordenen Lifting Bodies.

Wurde solch ein Gleiter im Mittelmeer im Jahre 1961 bei der NATO-Übung „Invictus" gesichtet?

Wenn ja, seit wann wurden die Projekte von Krafft Ehricke und dem Peenemünder Raumfahrtprogramm umgesetzt, seit Ende der 1940er, Anfang der 1950er Jahre?

Krafft Ehricke war in Peenemünde zudem in die Entwicklung von Atomantriebe für Raketen verwickelt.

Wahrscheinlich war Ehricke auch der Chef einer Entwicklungsgruppe, die eine einfache und schnell zu errichtende Raumstation aus vorhandenen Materialien, wie eine leere V-2 projektierte, auf dessen Projekt er nach dem Krieg bei Convair einfach zurückgreifen konnte, ohne bei „Null" anzufangen.

Weiter mit der U.S. Congress Anhörung:

...

"What about the **spaceship** that **Lockheed is building** at the present time?"

Ehricke: "The **Pied Piper Project**? . . . . This is an upper stage of slightly lesser performance than I have anticipated here. We could use it for supply flights. I think it is a very valuable project right now."

"They are putting the hardware together on that, are they not?"

Ehricke: That is right. We can put hardware together as soon as we are given permission to go ahead, either by NASA or ARPA."

"In addition to Pied Piper, what other spaceship is there at present time under construction?"

Ehricke: "To my knowledge, none, Sir!"

Anmerkung:

Wurde das Konzept einer Raumstation bestehend aus einer leeren Raketenhülle, dazu Versorgungsraketen bereits mit Aggregat-4 Raketen im Krieg in Peenemünde konzipiert? Lagen die Pläne dazu in der Schublade von Krafft Ehricke, der sie in den USA nur noch den Amerikanern präsentieren musste, damit sie verwirklicht werden konnten?

Baute eine Peenemünder Mannschaft nach dem Krieg in Nevada diese Raketen und errichteten spätestens in den1950 Jahren eine Raumstation über dem Nord- oder Südpol (Neu Schwabenland)?

Wurde gar die Antarktis bereits im Krieg für einen Raketenstartplatz von Peenemünde ausgewählt, auch für Wasserstoff betriebene nuklear angetriebene Raketen, entwickelt von Krafft Ehricke und Peenemünde?

Hatte Ingenieur Krafft Arnold Ehricke eine größere Bedeutung, zumindest für die Air Force um General Schriever, als Wernher von Braun für die NASA, der „nur" das Apollo-Programm für die allgemeine Ablenkung von geheimen, militärischen Weltraumprojekten in der Öffentlichkeit durchführte?

Wobei von Braun gemäß „Jeannie" ja auch die Juno/Nova Großrakete für den Flug einer dreiköpfigen USAF-Crew zum Mond Ende der 1950er, Anfang der 1960er Jahre entwickelte, die bis heute geheim gehalten wird, da Menschen, bzw. Militärpersonal, zumindest mit chemischen Raketen, ja bereits vor Apollo 11 auf dem Erdtrabanten sich aufhielten.

- Ende der Auszüge aus dem oben erwähnten Buch von KPR -

Übrigens:

Das Projekt „Pied Piper", „Der Rattenfänger von Hameln" wurde auch in einer der Folgen von „I dream of Jeannie" als „Easter Egg" angedeutet und vom Autor KPR diesbezüglich besprochen.

Wenn der Zugang zu einer Schleuse bei der Atlas-Orbitalstation nicht besonders groß war, konnten normal gewachsene Raumfahrer durch die Öffnung überhaupt hinein kriechen?

War genügend Platz in den leeren Tanks der Rakete vorhanden, um vier normale Raumfahrer darin unterzubringen, zumindest genügend Platz in einer deutschen A-4 oder A-8?

Oder wurden Kleinwüchsige für die Bemannung von solchen einfachen „Raketen-Raumstationen" herangezogen?

Siehe hier den Abschnitt über den Heinkel He 219 Nachtjäger mit einer Drei-Mann-Besatzung in diesem Buch.

Das herkömmliche Cockpit der He 219 ist nicht groß genug für drei normal gewachsene Luftwaffenpiloten mit samt ihrer Ausrüstung. Aber groß genug für Liliputaner?

Liliputaner, die auch aus „UFOs", kleinen U-Booten und so weiter entstiegen, eine kleine, geheime „Mini-Armee", die sich die Großmächte leisten, um spezielle Waffensysteme mit klein gewachsenen Crew-Mitgliedern zu bemannen?

V-1 für gezielten End-Anflug?

„ . . . Ich war Augenzeuge eines Anfluges, bei dem die **V-Waffe buchstäblich parallel den Geländeformen flog.** Die V 1 „tauchte" in das Tal von Maas und Albertkanal hinab, um an den gegenüberliegenden Hängen **steil nach oben zu ziehen,** einen **großen Kreisbogen zu fliegen,** um schließlich **mitten in einem riesigen Treibstofflager zu explodieren.** Verständlich, daß die Amerikaner unser PW-Camp gründlich nach einem V -Waffen-Leitsender durchsuchten.

-Ends-

Aus: Der Spiegel", „Operation Armbrust", 14. Dezember 1965

Gab es autonom fliegende V-1, Fi-103 Marschflugkörper oder bezieht sich obige Beschreibung eines Zeitzeugen auf andere, ähnlich aufgebaute Fluggeräte?

Fertigung von Schwerem Wasser Plutonium- und Uranbomben in Kalkau, Schlesien? Alles nur Fake, oder ist was dran?

In dem Buch „Atomexplosion über Schweinfurt" von Klaus-Peter Rothkugel wird auch auf den Ort „Kretsch Am Berg", Nieder Schlesien erwiesen.

Nicht weit von Kretschamberg liegt der niederschlesische Ort Kalkau.

Zu Kalkau heißt es unter anderem:

„Der Ort Kalkau in der ehemaligen Provinz Schlesien gehörte zum Landkreis Neisse und Regierungsbezirk Oppeln in Oberschlesien. Kreisstadt war die Stadt Neisse.

1933 lebten in Kalkau 590 sowie 1939 601 Menschen. Während des Zweiten Weltkriegs bestand in Kalkau zeitweise ein Arbeitslager."

Aber es schien, zumindest nach angeblichen schriftlichen Berichten, siehe unten, dort eine rege Bautätigkeit gegeben zu haben, um mehrere „Fabriken", also Stollenanlagen in einen Berg zutreiben, wo eine geheime Fertigung zur Produktion von Uran- und Plutoniumbomben stattgefunden haben soll.

i, Zugang angegeben auf Karte. 1
...mandostab mit 16 Mann.
...abe: Planung und Bau von neun unterirdisc...
...26 Fabriken (Stollen) je 20+40 Meter, sow...
... den Fabrikbereichen, darunter.
...andorte (große Hohlräume) für 34 Reakto...
...eter Durchmesser.
...andorte für 29 Generatoren Generatoren (4...
...   * 180 Gaszentrifugen. Je drei Me...
...   * 36 Betatrone (Beschleuniger zu...

36 Betatrone

So sollen in den „Fabriken", den einzelnen Stollen, die als Munitionsfabriken ausgestattet sind, die 20 bis 40 Meter Länge aufweisen, unter anderem 29 Generatoren, 180 Gaszentrifugen, 34 Reaktoren und 36 Betatrone stehen!

Echt oder übertriebene „Stasi-Fälschung"? Was waren es genau für Geräte zur Produktion von waffenfähigem Material, wie groß waren die Anlagen, oder wie „klein". Siehe hier die

Ultrazentrifugen in Aktentaschengröße, die in kleineren Bunkern Uranpulver herstellen konnten.

Alles Märchen oder ist ein Körnchen Wahrheit darunter?

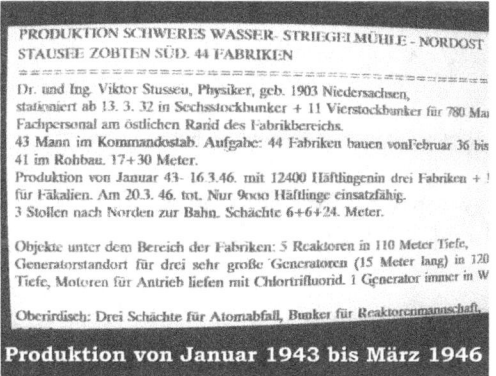

Die Produktion von Schwerem Wasser soll bei der „Striegelmühle-Nordost", Stausee Zobten Süd mit 44 Stollen erfolgt sein.

Unsinn oder ist ein Körnchen Wahrheit enthalten?

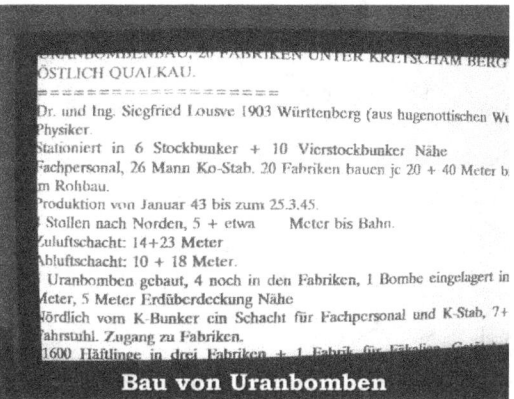

Alles nur ausgedachter Unsinn, Fake? Oder stimmt halbwegs?

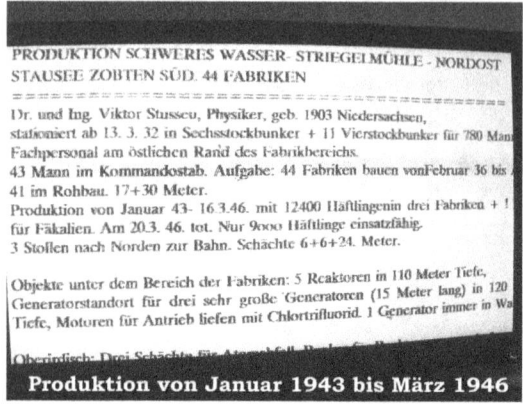

PRODUKTION SCHWERES WASSER- STRIEGELMÜHLE - NORDOST
STAUSEE ZOBTEN SÜD. 44 FABRIKEN
= =
Dr. und Ing. Viktor Stusseu, Physiker, geb. 1903 Niedersachsen,
stationiert ab 13. 3. 32 in Sechsstockbunker + 11 Vierstockbunker für 780 Man
Fachpersonal am östlichen Rand des Fabrikbereichs.
43 Mann im Kommandostab. Aufgabe: 44 Fabriken bauen vonFebruar 36 bis
41 im Rohbau. 17+30 Meter.
Produktion von Januar 43- 16.3.46. mit 12400 Häftlingenin drei Fabriken + !
für Fäkalien. Am 20.3. 46. tot. Nur 9000 Häftlinge einsatzfähig.
3 Stollen nach Norden zur Bahn. Schächte 6+6+24. Meter.

Objekte unter dem Bereich der Fabriken: 5 Reaktoren in 110 Meter Tiefe,
Generatorstandort für drei sehr große Generatoren (15 Meter lang) in 120
Tiefe, Motoren für Antrieb liefen mit Chlortrifluorid. 1 Generator immer in Wa

Oberirdisch: Drei Schächte für Atommüll. Bunker

Produktion von Januar 1943 bis März 1946

Es heißt im obigen (Geheimdienst-) Bericht, dass bei dem Stausee Zobten drei „sehr große Generatoren, 15 Meter lang, in 120 m Tiefe" standen, die mit „Chlortrifluorid" betrieben wurden.

Alle obigen Abbildungen: Courtesy Tino von Struckmann, „Last Nazi Secret, The secret nuclear Bomb factory", 5.11.2022.

Anmerkung:

Bei dem oben erwähnten spezifischen Chlorgas, der als Antrieb für Generatoren dienen sollte, handelt es sich um ein farbloses, giftiges, stechend riechendes, ätzendes Gas und ist in seiner speziellen molekularen Verbindung sehr reaktionsfreudig.

Chlortrifluorid ist eines der gefährlichsten Gase der Welt!

Also genau das Richtige, um einen Generator und die ganze „Fabrik" unbrauchbar zu machen, statt damit Generatoren anzutreiben!

Chlortrifluorid verhält sich chemisch wie ein Oxidationsmittel, Metalle werden angegriffen, außer Kupfer. Alle Nichtmetalle werden bei Zimmertemperatur sofort in Brand gesetzt, wie auch alle organischen Stoffe.

Es wird so gut wie alles von dem Gas verbrannt:

Beton, Asbest, Glas, Rost, Wasser, Sand.

(Auch Gestein und Beton von Bunkern, um dieses in Kombination und Zusatz mit einem anderen, chemischen Mittel als Tarnstoff zu verwenden, um den Beton von Bunkern der Umgebung, wie zerklüfteter, verwitterter Felsen und natürliches Gestein, sowie Geröll anzupassen? Siehe „Lyksin")

Sogar Atemschutzfilter aus Kohle werden von dem Gas angegriffen.

Das Gas benötigt keine weitere Energiezufuhr, um sofort zu reagieren, gar ein Feuer zu entfachen.

Das Gas Chlortrifluorid wurde im Jahre 1929 in Breslau, Schlesien entdeckt.

„N-Stoff"
für Munitionsanstalten

Im Dritten Reich wollte man Chlortrifluorid als Giftgas einsetzen.

Dazu wurde am Schwarzen See bei Falkenhagen in Brandenburg eine unterirdische Giftgasfabrik mit dem Decknamen „Seewerk" tief im Wald aufgebaut.

Um die Wirkung des Gases als Waffe zu erproben, wurden KZ-Häftlingen, die aus dem nahe gelegenen KL Sachsenhausen stammten, Chlortrifluorid ausgesetzt.

Diese Giftgaswaffe wurde aber bis Kriegsende nicht vollständig durchentwickelt und kam nicht mehr zum Kriegseinsatz.

Aber Chlortrifluorid wird auch als ein Antriebsmittel bei Raketentriebwerken verwendet.

Der deutsche Raketentechniker und Chemiker Walter Thiel, geb. 3. März 1910 in Breslau, verstorben in Karlshagen/Peenemünde bei dem schweren, britischen Bombenangriff, „Operation Hydra", zusammen mit Ehefrau und zwei Kindern, untersuchte „N-Soff" als Zusatz für Raketentreibstoffe, wie Gasöl und Salpetersäure.

Aber es ergab sich kein Vorteil, zusätzlich zu Gasöl und Salpetersäure auch noch N-Stoff, also Chlortrifluorid beizumischen, die Ausströmgeschwindigkeit eines Raketenstrahl erhöhte sich dadurch kaum.

Außerdem war das giftige Gas schwer zu handhaben.

Wie kommt es nun, dass bei den oben gezeigten Berichten eben Chlortrifluorid als Antriebsmittel für große Generatoren zur Stromerzeugung verwendet werden sollte?

Welche chemische Verbindung, wie andere Verbrennungsstoffe, außer Gasöl usw. könnte es noch gegeben haben, sodass sich Chlortrifluorid als Zusatz-Antriebmittel zum Betrieb von Generatoren gelohnt hätte? Und warum der große Aufwand, ausgerechnet dieses Gas zu verwenden?

Warum sollte man Generatoren mit Raketentreibstoff antreiben?

Oder dienten die 15 m langen Aggregate („Generatoren" zur Generierung von Uran) zur Herstellung, der „Veredlung" von spaltbarem Material in Munitionsfabriken?

Das heißt, diese 15 m langen Anlagen sind zur Herstellung von z.B. Uranpulver vorgesehen.

Maschinelles Verfahren zur Isotopentrennung

Isotopentrennanlage in U-Anlagen in Kalkau, Schlesien?

Die, in dem Bericht erwähnten „Generatoren", die 15 m lang sind, werden mehrere Kreise, d.h. Verarbeitungsprozesse zur Herstellung, zur Verarbeitung von Uranerzen, Uranhexafluorid, dazu ein Fluorisierungsprozess zur Gewinnung von Uranpulver besessen haben.

Außerdem werden bestimmte, unterteilte Bereiche der - halbautomatischen - Anlage unter Druck gestanden haben (keine Entweichung des giftigen Chlortrifluorides), andere Teile der Anlage enthalten Zuführmöglichkeiten für bestimmter Zusatzstoffe, und am Ende der Anlage wird man das waffenfähige Uran entnehmen können, das dann zur weiteren Verarbeitung an andere Munitionsanstalten zur Befüllung von Granaten und Sprengköpfen versandt wurde.

In dieser großen, 15 m langen, halbautomatischen Anlage werden mehrerer Diffusionsbarrieren mit unzähligen Poren installiert gewesen sein, die man nach einer gewissen Betriebsdauer immer wieder reinigen musste, also die verstopften Poren wieder durchlässig zu machen.

Deshalb wurde immer eine, der drei Anlagen zur Reinigung, Wartung und Aufarbeitung kurzfristig stillgelegt. Dieser „Generator", eine Anlage zur Gewinnung waffenfähigen Urans ging wieder ans Netz, in Produktion, wenn eine, der zwei anderen, im Dauerbetrieb befindlichen Anlagen gereinigt und gewartet werden musste. Dieser Rhythmus ging immerwährend so fort, um die Front, die einzelnen Teilstreitkräfte der Wehrmacht, Heer, Marine und Luftwaffe mit Uranpulver für diverse Atomwaffen, ob taktische, ob strategische, zu versorgen.

Gut vorstellbar, wie hoch teilweise die Ausfallrate bestimmten Bedienpersonals, Zwangsarbeiter, war, das durch giftige Gas-Dämpfe, Uranstaub usw. krank wurde und im schlimmsten Falle später verstarben, falls sie nicht gleich vor Ort umgefallen sind.

An diesen drei „Generatoren" zur Gewinnung von Uranpulver wird man 24/7, Tag und Nacht im Mehrschichtbetrieb gearbeitet, geradezu elendig geschuftet haben. Denn, es galt einen Krieg zu gewinnen, der interessanterweise abgeblasen, trotz jahrelanger Planung und immensen Vorbereitungen nicht umgesetzt wurde.

Um eine entsprechende Isotopentrennung herbeizuführen, wird unter anderem als Hilfsmittel eben Chlortrifluorid zur Fluorisierung benötigt und innerhalb der 15 m langen Anlage, für den Verarbeitungsprozess, zur Generierung von Uranpulver, zugeführt.

Andere Stoffe zur Fluorisierung sind unter anderem Bromtrifluorid, Chlormonofluorid oder Fluoride von Edelgasen, wie Sauerstoff oder Stickstoff

Der Begriff „Generator" in den oben abgebildeten Geheimdienstberichten ist hier im Zusammenhang mit der Herstellung, der „Generierung" von spaltbarem Material für Bomben und andere taktische Atomwaffen zu verstehen. Immer wieder wird in bestimmten

(Geheimdienst-) Berichten in Rätseln gesprochen und absichtlich eingestreute Fachbegriffe verstehen nur Eingeweihte, die sich, wie hier, mit der Herstellung von waffenfähigem Nuklearmaterial auskennen.

Ob es diese 15 m langen „Generatoren", also Anlagen zur Gewinnung von waffenfähigem Uranpulver im Krieg in Deutschland in irgendeiner Muna gegeben hatte, ist unklar, aber möglich.

Dass es solche Anlagen, zumindest nach dem Krieg gab, gar heute noch gibt, zeigt ja das besprochene Gas zur Fluorisierung von Uranerzen.

Wer diese Anlagen zur industriellen Gewinnung von Atomwaffenmaterial entwickelte, seit wann dies bekannt ist und wann solche „Generatoren" zum ersten Mal eingesetzt wurden, müssten Waffenexperten, Betreiber von Munitionsanstalten wissen.

Wie weit Nazi-Deutschland in diesen Dingen war, ob hier die USA mit ihrem „Manhatten-Project" auch die industrielle Verarbeitung von Uran und Plutonium gleich mitentwickelte und diese Informationen nach Deutschland weiter gaben, alles unklar.

Was die frühen Daten - 1930er Jahre - der Vorbereitung und die Aufnahme der Produktion von atomaren Waffen betrifft (hier lässt wieder unser Martin Stade, der Fantasie begabte „Schriftsteller aus dem MfS-Umfeld grüßen), findet sich auch ein Beispiel aus dem Jonastal in Thüringen, Bereich Arnstadt, wo ein beteiligter Offizier und Ingenieur der Wehrmacht über das deutsche Atomwaffenprogramm berichtet.

So soll dieser Offizier ab Anfang Juni 1933 für das Heereswaffenamt in einer Forschungsgruppe zur Uranaufbereitung tätig gewesen sein.

Vor 1939 müssten geheime, unterirdische Arbeiten im Jonastal zumeist mit deutschen Häftlingen unterschiedlichster Herkunft, Weltanschauung und Religion durchgeführt worden sein, da Kriegsgefangene und Zwangsarbeiter, wie aus dem Osten, erst nach Kriegsbeginn 1939 vermehrt ins Reich als Arbeitskräfte gelangen.

So heißt es unter anderem, dass im März 1945 im Rahmen der „Operation Ost" Häftlinge in zehn unterirdischen Anlagen weiter für die Amerikaner, die Thüringen besetzt hatten, bis Mitte August 1945 gearbeitet hätten.

Andere Häftlinge, die in Anlagen im Jonastal heimlich und unbemerkt von den Russen und Amerikanern weiter arbeiteten, sollen im August 1945 mit Giftgas in einem Bunker liquidiert worden sein.

So sollen die Amerikaner bis Juni 1945 den Abtransport von mehr als 200 Uranwürfeln einer bestimmten Seitenlänge und hohem spezifischen Gewicht über Antwerpen in die USA unternommen haben.

Was ist dran an diesen Aussagen, die man im Internet finden kann?

Nichts? Alles Unsinn?

Sind es wieder die Martin Stade „Stasi-Märchen", die gerne bis heute von bestimmten „Hobby-Forschern" im Jonastal zwecks Propaganda und Desinformation kritiklos übernommen werden?

Ist zumindest ein kleines Körnchen an Wahrheit in den Berichten enthalten? Sind diese 1:1 zu verstehen, oder wurden sie absichtlich übertrieben, um sie eben unglaubwürdig erscheinen zu lassen, damit man sie als Unsinn abtun kann. Siehe hier wieder das Spiel mit der „Plausible Deniebility".

Wenn dies alles gelogen ist, warum werden solche Aussagen an die Öffentlichkeit gebracht?

So heißt eine Aussage eines Zeitzeugen:

> „**All dies geschah im Rahmen der** „Operation Ost", **aus der jedoch wegen mangelnder Mitwirkung der Amerikaner nichts wurde.** "

Zumindest nicht ganz falsch, da auch der Autor dieses Buches ja die Aussage tätigt, dass die West-Alliierten zusammen mit willigen deutschen Soldaten im Sommer 1945 die Sowjetunion angreifen wollten.

Aber der Osten hasste und hasst immer noch den westlichen „Imperialismus - Kapitalismus" und der „Klassenfeind" wurde verunglimpft, wann immer es möglich war.

Wie immer in der militärischen Geheimhaltung ist die Ablenkung ein wichtiges Kriterium, um gewisse Dinge vor der Öffentlichkeit zu verstecken.

Alle Leute schauen nach Haigerloch oder Stadtilm, wer schaut nach Kalkau in Schlesien?

Viele Leute und Forscher schauen nach Peenemünde und nach der V-2 oder nach einer A9/10 Großrakete.

Wer aber schaut nach anderen Herstellern, Orten der Forschung und nach Raketen, die nicht in Peenemünde oder deren Außenstellen entwickelt und gebaut wurden?

Wie ein Zeitzeuge meinte, dass auf der Krim Raketen mit Atomantrieb gebaut wurden. Siehe hier auch den „Wehrwolf Bunker", ein siebenstöckiger Bunker bei Winniza, Ukraine, den die Organisation Todt in den Jahren 1941/41 errichtete. Wer weiß, was in den 7 Stockwerken unter der Erde so alles von Statten ging?

Bei den Raketen schauen alle sie auf die NASA, die europäische ESA oder nach Russland.

Wer schaute auf die englische B.I.S., auf private Raumfahrtenthusiasten in Amerika, später ggfs. in Latein-Amerika der 1920er Jahre aufwärts.

Das könnte heißen, „private" Agenturen betreiben Raumfahrt im großen Stil und besiedeln das Universum, unter Aufsicht großer Staaten und deren Institutionen, Militär und Geheimdienste.

Private Firmen und deren reiche, enthusiastischen, visionären Firmeninhaber, gar Gönner und Philanthropen (ob in Deutschland, oder im dem Rest der Welt) könnten z.B. ab 1933 im Dritten Reich für das Heer, die Wehrmacht in Deutschland bestimmte Raketen finanziert, entwickelt und gebaut haben lassen, die unter anderem im Jonastal, im Jahre 1941 stationiert worden sein könnten.

Der, für das Deutsche Heer tätige Wernher von Braun kam erst später mit seinem einsatzfähigen „Aggragat-4" im Jahre 1942 an die Öffentlichkeit, auf das heute noch die ganze Welt zwecks Ablenkung und Täuschung schaut.

Das heißt, die Privatisierung, das Auslagern in private Hände von sensibler Technik und groß angelegten Unternehmungen, wie der Vorstoß ins Weltall, zwecks Verschleierung ist nicht neu, sondern wird schon seit geraumer Zeit anscheinend erfolgreich praktiziert!

Man nutzte und nutzt bis heute den privaten Unternehmergeist, die Gier nach sagenhaften Gewinnen, gepaart mit Enthusiasmus, sowie in Kombination mit Rüstungsgeschäften, damit sich eine private Investition auch trägt. Weil der Flug ins Weltall erst einmal keinen Gewinn abwirft, zumindest nicht hier auf unserer Welt, da man ja bis heute nicht offiziell irgendwelche Rohstoffe anderer Planeten hier auf der Erde verkaufen kann.

Siehe hier auch die Aussagen von „Randy Cramer", der auf dem Mars stationiert war, wo privatwirtschaftlich gearbeitet wird, um das Unternehmen finanzierbar zu machen.

Denn, es weiß ja niemand, wie es um die „Wahre Raumfahrt" bestellt ist.

Somit ist es eben durchaus im Vorstellbaren, dass ein privates Unternehmen, wo weltraumbegeisterte „Spinner", Raketen entwickeln und bauen durften, auch für die Wehrmacht bereits in den 1930 Jahren „Artillerieraketen" herstellen konnten, die man in geheime U-Anlagen, wie im Jonastal stationieren haben könnte. Aber das ist ja bis jetzt nur eine Legende unseres Dichterfreundes Martin Stade.

So könnte es auch mit der „privaten" Atomforschung für die Raumfahrt gewesen sein, sodass man spätestens Mitte der 1940er Jahre bereits in der Lage war, Atomwaffen im großen Stil zu produzieren und zu stationieren.

War dies auch in Nazi-Deutschland möglich oder nur unter der Kontrolle derjenigen, die im Hintergrund auf dieser Welt bestimmte Geheimunternehmen durchführen, wie die „Wahre Raumfahrt"?

Insert

Ein „Easter Egg" zum oben genannten Thema findet man in der ARD Reihe „Babylon Berlin", Folge 4 in der 4. Staffel, 2023, circa 18:00 Minute:

Ein Unternehmer spricht mit zwei Raketentechnikern in seiner Firma über ein Raketenprojekt aus dem Jahre 1931:

```
„Ich möchte keinesfalls in Ihre Forschungsarbeit eingreifen, meine
Herren, Ich möchte vielmehr das Spektrum erweitern. Und ich bin mir
sicher, dass ich nicht der erste bin, der gedanklich in diese
Richtung vorstößt.
```

Was, wenn hier nicht **ein Mensch sitz**? Was, wenn das Ziel dieser Rakete nicht das **Weltall** ist? <u>Sondern</u> Paris, London, oder Warschau?

Wenn die **Spitze einen Zünder beherbergt**, hinter dem sich **eine Tonne Dynamit** verbirgt? Oder mehr!"

Antwort eines der Techniker:

„Nun, **eine militärische Nutzung** will gut überlegt sein."

Ein anderer Techniker meint:

„Es ist absolut möglich, die Rakete in diese Richtung zu entwickeln, wenn wir in der Lage wären, die Führung der Reichswehr zu überzeugen."

Der Unternehmer (T) Nyssen antwortet:

„Sollten wir die ersten sein, die einen derartigen Raketentypus in Stellung bringen können, dann birgt das ein **enormes militärisches Potenzial** für das Deutsche Reich und ein überaus **lukratives Geschäft** für die Nyssen AG.

Die Überzeugung der Reichswehr und General Seegers wird das geringste Problem sein."

Jetzt die Antwort eines der Techniker, wobei hier nun ein lustiges Easter Egg von den Machern der ARD-Serie eingefügt wird:

„Als erstes müsste die Abschussrampe verändert werden. Wir müssten sie zu diesem Zweck flexibler konzipieren.

Fiktive Rakete aus dem Jahre 1930 aus der TV-Serie "Babylon Berlin"

Das „<u>Vakuolenregister</u>" müsste verdoppelt, das „<u>Posaunenintrakt</u>" und „<u>Verkluftungskolben</u>" in den Rumpf integriert werden."

...

-Ends-

Wer hat sich diese „Technik" ausgedacht.

Vakuolenregister, Posaunenintrakt und Verkluftungskolben. Alle Wörter erfundene, unlogische, zusammengeschusterte, geradezu lustige Begriffe, teils aus der Musikwelt, wie Posaune, Register.

Haben wir hier einen „Spaßvogel" unter den Autoren des Skriptes für den Film, der weiß, was „Easter Eggs" sind?

Ein schönes, teils lustiges „Osterei" einer Raumrakete, die auch für das Militär verwendbar ist, in der ARD TV-Serie „Babylon Berlin", wo „ganz besondere Technik" eingebaut wurde.

Abb.:

Beachte „Canards", Entenflügel am oberen Torpedokörper der fiktiven Rakete aus dem Jahre 1931, die wohl extra, aufwändig für den Film - auf mehreren extra für die Filmszene angefertigten, großen Blaupausen, die auf einem langen Tisch, gut sichtbar für die Kamera, ausgebreitet wurden – ausgedacht, erfunden, gar „halluziniert" wurde.

Babylon Berlin, ARD, 2023

Reine Fantasie oder gab es ein Vorbild aus den 1930er Jahren?

Weiter heißt es im Text, als einige Offiziere der Reichwehr bei einem erneuten Termin zusammen mit dem Chef der „Nyssen Werke" ein angefertigtes Großmodell der neuen, umgebauten Mondrakete zu einer Militärrakete begutachten:

„. . . Ich möchte Ihnen heute eine moderne Meisterleistung, … *die Meisterleistung deutscher Ingenieurskunst vorführen.*

Ein Raketenmodell von vielleicht Maßstab 1:4 oder 1:6 aus poliertem, silbernem Alu-Blech wird auf einem Modell-Startgestell nach oben in eine Startposition gefahren.

…

Paris wird brennen, London wird brennen. Und eines Tages auch Neu York.

Wenn dieser Prometheus mit einer Schubkraft von **300 Kg reinstem Flüssigkeitsbrennstoff** seine Tod und Feuer bringende Ladung in die Hauptstädte der Welt entsendet.

-Ends-

Aufnahmen entnommen aus der ARD Reihe „Babylon Berlin, 11 Episode, 4. Staffel, 2023:

Anmerkung:

Könnten begabte deutsche Ingenieure Anfang der 1930 Jahre im Auftrag eines großen, deutschen Rüstungskonzerns nicht nur eine Rakete für einen Flug zum Mond konstruiert haben, sondern bereits eine Großrakete, um die Hauptstädte der Welt mit einer Sprengladung von mehr als 1.000 kg zu vernichten?

Wusste man in den 1930er Jahren in einschlägigen Kreisen, Weltraumenthusiasten, Militärstrategen, dass ein zweiter, gar dritter großer Weltkrieg geplant war und man hierfür die modernsten Waffen, einschließlich der aufkommenden Atomtechnologie, für solch einen globalen Vernichtungskrieg entwickeln musste?

Aber der Hinweis in der ARD-Serie, dass bereits Anfang der 1930er Jahren bestimmte Firmen in Deutschland Raketen für das Militär planten (da diese nicht ausdrücklich im Versailler Vertrag aufgeführt waren), die mit einem militärischen Sprengkopf ausgerüstet werden konnten, ist von Interesse und wäre auch in der „Realität" der damaligen 1930er Jahre vorstellbar.

Gab es Personen, Wissenschaftler, Ingenieure vor und neben Wernher von Braun und den Raketenenthusiasten aus Kummersdorf, die heimlich an Großraketen für das Militär arbeiteten und sich an reiche Großfirmen, wie Thyssen-Krupp wandten, um ihre Vorschläge dort Realität werden zu lassen?

...

Weiter mit dem geheimen Ort Kalkau in Schlesien, wo es mehrere unterirdisch verlagerte Fabriken, also Produktionsstollen gegeben haben soll, die im industriellen, großen Stil waffenfähiges Material für Atombomben fertigten.

...

Kommentar des U.S. amerikanischen Narrators Tino von Struckmann aus Kalifornien, USA zu den, in deutsch abgefassten (gefälschten) Geheimdienstberichten über den Bereich „Riese":

"An interesting note is that some of text of the report is written in **present tense** noting it **might be partly of an original wartime report**."

...

"Objects under the factory area were five reactors at 110 m depth. Generator site for three very large generators, 15 m long in 120 m depth, engine for propulsion ran on (mit dem Hilfsmittel zur Fluorisierung, Anm.d.A.) Chlorinetrifluoride, one generator was always in maintenance and above ground there were three shafts for nuclear waste. Bunker for reactor crew. **Two storages for four plutonium bombs**. 200 drums filled by heavy water with 37 machines in operation.

Within the area Soboten am Berge was a **Central Command Bunker** for the main installation under Dr.-Ing. Hohmann. He was also an Oberst in the German Reichswehr. Hohmann had 16 Command Staff and these were all task with the planning and construction of the **nine underground factory areas** with a total of 126 factories (Stollen, Anm.d.A.). Many underground cavities were used to house 34 reactors, six by three meters combustion chamber to 12 m in diameter.

Six sites for 20 generators with a total output of 45 megawatts.

Five location for 189 for gas centrifuges, three meters high. Three locations for 36 Betatrons, four shafts for nuclear waste, one location for Reservoir.

Construction of Soboten with all rail links.

This breaks down into **9 Factory Areas** with three areas for **Uranium Oxide production, two areas production of small uranium cubes** (oder Uranpulver, Anm.d.A.), **two areas production** of heavy water, two areas of production of plutonium bombs.

13 Bombs totally built by 124 management staff and 7.400 personnel that was stationed there.

In another part of the area at **Rosenthal there was construction of uranium bombs** under the command of Dr. Uwe Sissus. Here **six round uranium bombs were built**, 4.30 m long and 1,80 m in diameter.

Three of the uranium bombs are still set to be stored in three tunnels along with 230 wooden containers, containing uranium cubes.

And it is said, Dr. Sissus continued to work at this factory until **November 1945**, after the war and was paid a lot of money in order to organize the handover of the operation factory site.

Now, in some of the papers it´s claimed that panning already began, **dating back to 1930** and **continued after the war.**"

-Ends-

Anmerkung:

Alles Desinformation oder wurde in Kalkau und Umgebung Atomforschung, gar Produktion von Atomwaffen oder waffenfähigem Uran und Plutonium Material unternommen, aber erst gegen Ende des Krieges und in kleineren Mengen? Wurde der Bericht stark übertrieben, um Angst bei den West-Alliierten zu schüren, damit schnell Gegenmaßnahmen ergriffen werden konnten?

Haben wir hier ggfs. die heimliche die Versorgung der Russen, der Sowjetunion im Jahre 1945/46 mit Atombomben zum Angriff auf die West-Alliierten, da die Sowjets zu dieser Zeit nicht gänzlich in der Lage waren, eigene Atombomben seit dem anvisierten Beginn von „Operation Unthinkable" im Sommer 1945 in Massen zu fertigen?

Benötigten man die deutschen U-Anlagen in Ober-Schlesien, um die Russen in die Lage versetzen zu können, den Krieg der Angelsachsen zusammen mit willigen Kräften der Deutschen Wehrmacht überhaupt anständig begegnen zu können?

Hinweis:

Wohlgemerkt, hier geht es darum, dass alle Beteiligten und die ganze Welt, zumindest die, die eingeweiht waren, Bescheid wussten, dass ein extra herbeigeführter Nuklearkrieg von Sommer 1945 bis ins Jahr 1955 eine gewollte, gewünschte Inszenierung war, um die alte, nicht raumfahrende Menschheit los zu werden.

Der Westen, auch die Russen, alle spielten und spielen sie immer noch mit.

Denn in den letzten, rund 80 Jahren wird die Kolonisierung des Weltalls durch eine Neue Menschheit weiter vorangeschritten sein.

Und immer noch weiß auch der Leser dieser Zeilen nicht, dass er zu einer abgeschriebenen „alten Menschheit" gehört, die man irgendwann beseitigen muss.

Ist der heutige russische Präsident Putin – Stand 2023 – ein Erfüllungsgehilfe, wie auch die Chinesen?

Achtung!

Vorsicht!

Verschwörungstheorie

Ist alles oben Gesagte über eine angebliche deutsche Atombombenproduktion, dessen erste Vorbereitungen bereits in den 1930er ihren Anfang nahm, die Wahrheit, oder ausgedachter Unsinn bestimmter Personen, die als „Agenten" für bestimmte Mächte die Aufgabe haben, Desinformation und Propaganda unter dem Deckmantel von „Privatforschern" zu betreiben?

Hatten die Nazis, das Dritte Reich gleich mehrere taktische und strategische Atomwaffen, ob Uran- oder Plutoniumbomben und bedienten sich die Siegermächte, allen voran die mächtigen USA der deutschen Atomtechnologie?

Oder soll nur der Eindruck erweckt werden, dem sei so?

Um von den wahren Macht-Verhältnissen auf dieser Welt abzulenken?

Dass nämlich die Angelsachsen, in der Hauptsache die USA die wahren Kriegstreiber sind, und man lieber den dummen Deutschen alle Kriegsverbrechen, inklusive der alleinigen Entwicklung der Deutschen Atombombe in die Schuhe schieben möchte?

Sorgten die West-Alliierten dafür, dass Nazi-Deutschland für den Dritten Weltkrieg so weit aufgerüstet wurde, dass genügend material, Waffen, Atombomben in Europa, respektive in Deutschland eingelagert werden konnte, um genügend Nachschub im nächsten Krieg zur Verfügung zu haben?

Ist es eben genau umgekehrt?

Veranlassten die West-Alliierten, dass nicht nur das Nazireich von unbekannten Personen aus dem Hintergrund installiert, sondern, dass die Atomtechnologie von den Angelsachsen nach Nazi-Deutschland transferiert wurde, um das zukünftige Schlachtfeld Europa im Kampf gegen die verhassten Kommunisten, die den Kapitalismus ablehnten, mit High Tech Waffen auszurüsten, darunter eben die Atomtechnologie?

Gab und gibt es bis zum heutigen Tag, Stand Sommer 2023, genügend Erfüllungsgehilfen, die unter allen Umständen den Eindruck erwecken sollen, dass in geheimen Festungsanlagen, wie in Bergkristall, Nieder-Österreich, im Jonastal, Thüringen oder in „Riese", Schlesien, industriell, also in Massen Atombomben jeglicher Art von den Nazis produziert wurden?

Fälscht man dafür jede Menge „Beweise", diese Desinformation zu untermauern.

So, wie „Little Boy" Atombomben, die man im Jonastal vor einigen Jahren gefunden haben will, die dann in einer Nacht und Nebel Aktion geradezu dilettantisch „entsorgt" wurden?

Oder bei einer Auktion in den USA, wo angeblich mehrere Sicherungsstifte für die Little Boy versteigert wurden, die aus deutschen Ersatzmetallen bestanden haben sollen?

Alles absichtlich gestreuter Unsinn? Gezielt ausgestreute Propaganda und Desinformation?

Fälscht man mit Geo-Radar im Untergrund gefundene Raketen, Flugzeuge und erstellt Fake-Reports über ganze Atombomben in Untertage-Produktionsstätte vor und im Krieg, um den Eindruck zu erwecken, wie weit die Nazis tatsächlich mit ihren Wunderwaffen vorangeschritten waren? Weiter, als die USA es je waren im Krieg. Was aber Unsinn ist.

Spielen ex DDR-Stasi Agenten bei der Desinformation eine gewichtige Rolle, da auch Russland, Teilnehmer der „Wahren Raumfahrt", kein Interesse hat, das die Wahrheit über den Zweiten Weltkrieg ans Tageslicht kommt?

Und trotz der vielen Wunderwaffen und Atombomben haben die Nazis den Krieg verloren und bis heute sind die USA das mächtigste Land der Welt, gar im Rest des Universums.

Ist dies alles, oder in Teilen Fake, Ammenmärchen, um aufzuzeigen, dass die Deutschen, die Nazis an allem Schuld sind. Und die Alliierten, allen voran die USA, die „Guten" sind, die es ehrlich mit der Menschheit meinen.

Das übliche Spiel der Verwirrung, sodass keiner mehr richtig durchblickt, vier Leute, fünf Meinungen.

In dieser Welt wird gelogen, was das Zeug hält!

Der Leser muss nun selbst entscheiden, was Sache ist.

Wie war der Verlauf des Zweiten Weltkrieges wirklich?

Wie fortschrittlich war u.a. die Atomtechnik in der Welt Anfang/Mitte des 20. Jahrhunderts?

War Nazi-Deutschland in der Lage, in geheimen Anlagen industriell, im großen Maßstab Atombomben und andere nukleare Waffen in Serie herzustellen? Und das schon vor den Amerikanern und deren ersten Test im Juli 1945 in White Sands?

Wobei die Amerikaner ja schon 1943 Atomversuche am Hoover-Staudamm unternahmen, also die U.S. Atomforschung schon viel früher anlief, als offiziell geschildert.

Der Autor dieses Buches nimmt an, dass bereits in den 1930er Jahren die Atomforschung und Herstellung von spaltbarem Material so weit fortgeschritten war, dass die USA somit Nazi-

Deutschland mit in die Planung nehmen konnte, um hier eine funktionierende Atomindustrie, vor und während des Krieges aufbauen zu können.

Oder ist dies alles absichtlich gestreute Desinformation, um den Eindruck zu erwecken, wie weit Nazi-Deutschland in der Atomforschung vorangeschritten war?

Um davon abzulenken, dass es die USA waren, die den Deutschen im Krieg geholfen haben, diese massiv, unter anderem mit Atomtechnologie unterstützt hatten.

Dass man in Deutschland mit tatkräftiger Hilfe der Angelsachsen, den Kommunistenhasser und Unterstützer der Nazi-Ideologie, eine Atomindustrie mit Atomwaffen unterschiedlichster Art aufbauen konnte, um den europäischen Kriegsschauplatz im Dritten Weltkrieg mit Massenvernichtungswaffen auszustatten und immer wieder zu versorgen, die gegen die Sowjetunion gerichtet waren. Um diese niederzuringen und unter Kontrolle der Engländer und USA zu bringen (wie ggfs. heute wieder, Stand 2023 mit Hilfe der Ukraine).

Hatte Nazi-Deutschland bereits vor dem Aggragat-4, der V-2 andere Groß-Raketen, sowie auch kleinere Versionen, die auch frühzeitig, Anfang der 1940er Jahre in bestimmten U-Anlagen stationiert werden konnten?

Kam Hochtechnologie von einem geheimen, weltweit durchgeführten Weltraumunternehmen und wurde für militärische Zwecke an alle Kriegsparteien des Zweiten Weltkrieges abgegeben?

Produzierte man im Krieg, hauptsächlich auf dem europäischen Kriegsschauplatz, nämlich in Nazi-Deutschland, Atomwaffen auf Vorrat, um diese in einem nuklear geführten Dritten Weltkrieg, dem Angriff der Westalliierten auf die Sowjetunion - „Operation Ost" - zur Verfügung zu haben?

Kann man im Jonastal, in speziellen U-Anlagen noch Wunderwaffen und Atombomben aus dem Zweiten Weltkrieg finden, oder haben die Alliierten, sowohl die Amis, als auch die Russen schon längst alles herausgeholt und vernichtet?

Weil diese beiden Großmächte, dazu heute noch China, viel zu vertuschen haben, beide, bzw. mittlerweile alle drei, Teilnehmer einer geheimen, der „Wahren Raumfahrt" sind, und diesen Umstand vehement unter der Decke halten müssen?

Haben wir in Deutschland mal wieder Agenten, Erfüllungsgehilfen, die zum Beispiel auf bestimmten Kanälen absichtlich Desinformation verbreiten, geradezu den Angelsachsen, den USA in die Hände zu spielen, um von deren Machenschaften abzulenken?

Insert

Temporal Fields
Zeitfelder

Hier ein modernes Märchen, erzählt von dem „Märchenonkel" Klaus-Peter Rothkugel an die lieben Leser:

So geht ein Narrativ, eine Erzählung eines Akteurs, der auch im Jonastal nach U-Anlagen sucht, dass diese Person in bestimmten Bereichen, wo man Zugänge zu U-Anlagen, unterirdische Fabriken usw. vermutete, aber nach einer entsprechenden Bohrung nichts unter der Erde gefunden hatte.

Später, als der Akteur seine Such-Methoden, unter anderem mit einer Wünschelrute, verbesserte, konnte er angeblich bestimmte energetische Felder, Linien und dergleichen im Boden feststellen, die auch einem bestimmten Muster folgen sollen.

Nach weiteren, verfeinerten Suchmethoden stellte sich heraus, dass dort, wo U-Anlagen beschrieben wurden, diese aber vor Ort nicht zu finden waren, bestimmte Felder mit angeschlossenen „Energieblasen" „gemessen", mit Hilfe von Wünschelrutengängen usw. lokalisiert werden konnten.

Es soll sogar eine „Energielinie" zu einem, in der Nähe aufgestellten Strommasten geführt haben, als hätte man dort den benötigten Strom vom öffentlichen Netz einfach mal so abgezapft.

Was ist davon zu halten?

Eines der vielen Märchen, die man unter anderem in den Sozialen Medien immer wieder, auch und gerade das Jonastal betreffend, vorfinden kann?

Geschönte, manipulierte, teilweise gut ausgedachte Berichte, Desinformation zuhauf, da gewisser Personen, Gruppen, Großmächte usw., die Neuen Medien dazu zu verwenden scheinen, um einen gewissen, gewollten, zumeist negativen Eindruck über gewisse Dinge und Ereignisse zu erzeugen.

Die Welt, genauer, die Menschen gemachte Welt wäre eine viel bessere, gäbe es nicht unzählige Akteure, die diese jeden Tag auf Neue schlecht reden!

Ist jener Akteur mit den „Energieblasen", eines von vielen Personen, Abenteurern, Schatzsuchern und „Urban-Explorern", die sich in der Gegend von alten Militäranlagen tummeln, mit der Hoffung dort irgendeine Entdeckung, einen Fund, ob z.B. einen Schatz oder Gold, ob ober- oder unterirdisch, machen zu können? Diese Leute hoffen, Schätze, Gold, Kunstguteinlagerungen, gar zurückgelassene Militärtechnik zu finden, stoßen aber zumeist ins Leere.

Da entweder von Seiten des Militärs, Geheimdienste und sonstigen Organisationen, ob staatlich oder privat, bereits alles abgeräumt, gesäubert wurde. Oder noch aktive Anlagen werden heimlich überwacht und man verscheucht zu neugierig gewordene Hobbyforscher, entledigt sich gar derjenigen.

Hier hat aber jemand - angeblich - gar nichts gefunden, wo anscheinend etwas sein sollte.

Außer eben mutmaßliche Energiefelder, -blasen, die den Bereich abdecken, wo eine U-Anlage vermutet wurde.

Hat dieser Akteur doch etwas gefunden? Und hat er mit seinen Beobachtungen und Messungen am Ende sogar recht?

Denn, wenn dies eine, in Teilen oder gänzlich erfundene Geschichte ist, hat sie möglicherweise trotzdem ein wahres Körnchen!

Könnte diese „Entdeckung" eine bis heute geheim gehaltene Tarnmaßname darstellen, wie man militärische und sonstige Anlagen vor den Augen eines Betrachters, eines Suchenden, vor unser aller Augen verstecken kann?

Unsichtbar gemachte Bauten?

Schon vor vielen Jahren hatte der Autor dieses Buches im Internet mal einen Artikel von unsichtbaren Antennen, die auf öffentlichen Gebäuden stehen sollen, gelesen.

Wenn plötzlich ein unerwarteter Stromausfall in einer Stadt auftrat, dann wollen Anwohner, Bürger auf, z.b. einem Rathaus, eine große Antenne wahrgenommen haben, die ansonsten nicht zu sehen war.

Ein ähnliches Phänomen, wie bei Militäranlagen auf Truppenübungsplätzen?

Kann man Gebäude, Anlagen, Depots, Antennen, Fahrzeuge, Panzer, Flugzeuge, außer den üblichen heute bekannten Methoden, auch anderweitig unsichtbar machen?

Was versteht man unter „unsichtbar"?

Nur bestimmte Tarnmethoden, die das Auge täuschen, aber wenn man dagegen läuft, bleibt man an einem Bunker „hängen"?

Oder aber so unsichtbar, dass man über einem Bunker hinüber, gar hindurch laufen kann, ohne etwas zu sehen oder zu bemerken?

Objekte, die man beispielsweise in die Zeit verschieben kann?

Es mag ggfs. nur die Versetzung, 1 Sekunde in die Zukunft genügen, und ein bestimmtes Objekt ist aus unserer Gegenwart, dem „Normalraum", aus aller Augen, aus der Wahrnehmung eines jeden Einzelnen verschwunden.

Gibt es in der Natur natürliche Effekte, zum Beispiel im Zusammenhang mit Elektromagnetismus, die Dinge verschwinden lassen können?

Siehe hier die allseits bekannten Effekte und Phänomene im Bermuda Dreieck, Stichwort „Magnetic Fog".

Wurden Schiffe und Flugzeuge in diesem Dreieck samt der Besatzungen in eine Art „Zeitfenster" verschoben. Also, weder ist dies eine Reise in eine andere Dimension, noch Zeitreisen, sondern nur ein wenig „beiseite" verschoben, wo Gegenstände und Personen aus der Gegenwart, aus dem hier und jetzt entrückt waren?

Siehe hier das Buch des Autors „Die Nachträge, Teil I":

„Siehe hier den „Electromagnetic Fog", der auch als
„Naturphänomen" z.B. im Bermuda-Dreieck immer wieder wahrgenommen
wurde.

Zum einen fließen Corona-Entladungen von den magnetischen Polen der
Erde entlang von Feldlinien der Erde und reagieren mit Gebieten, wo
eine hohe magnetische Konzentration von, zum Beispiel Magnetit,
altes Vulkangestein in der Erde oder unter Wasser vorhanden ist. Wie
beispielsweise im Bermuda-Dreieck.

Durch, unter anderem Piezo-Elektrische Reaktionen kann es hier eine
Wechselwirkung des magnetischen Vulkangesteins mit den koronalen
Entladungen in der Erdatmosphäre kommen, die zu elektrostatischen
und EM-Effekten führen, z.B. der Aufladung bestimmter Gebiete, der
Umgebung um einen Vulkan, wo man eine erhöhte Konzentration der
Magnetfeldern und der Raumladung messen kann.

Diese Raumladung kann man auch, u.a. zu Wiederaufladen, zum
„Tanken" von elektrostatischen Flugkörpern nutzen.

Wobei es zudem zu „Relativistischen" Effekten kommen kann. Also
unter anderem zu „Zeitverschiebungen".

Auszug aus dem U.S. Patent „Personal Flight Vehicle System" Scott D. Redmond, San
Francisco, 2007:

"When a relativistic particle travels through the field
gradient between the capacitive plates **a space-time warping
effect may occur in the space-time fabric**.

The greater the <u>effective mass</u> or **energy input**, the <u>greater</u> the
space-time warping effect.

Thus, in an embodiment, the electric-energy lifting panel may
produce <u>its own a gravity field</u> and thereby cause an <u>anti-gravity
effect</u>.

These particles with relativistic speeds undergo **time dilation**, that
is when viewed from an external inertia reference frame, the
particles seem to be going slower, and so energy from outside
this frame seems to **be going in for a longer time**.

Even if the effect might be very small, the speed of electrons in
electric energy lifting panel undergo **time dilation**, which
indicates the occurrence of **space-time warping**.

The same kind of space-time warping created by the Earth's gravity
field. **The higher the voltage, the greater the field**, and the
**greater the deviation between the electric-energy lifting
panel inertial reference frame to its ambient**.

The Volume of air around the electric energy panel also under
goes mechanical inertia changes and electrical permeability
changes."

-Ends-

Hohe Voltzahlen bewirken eine Veränderung des Ionen-Flusses des, im Patent beschriebenen Ein-Mann Fluggerätes. Dazu Veränderungen im Gravitationsfeld (es wird „leichter". Siehe auch die Erklärung des Autors KPR betreffend „Zeitreisen", das Zurück-Schreiten innerhalb der „Dunklen Materie" in die Vergangenheit).

Zu Tarnzwecken bestimmter, auch und gerade großer, ausgedehnter Objekte könnte man einen Ring bestimmter, starker elektromagnetischer Kräfte darum legen (der angeblich mit der Wünschelrute entdeckt worden sei), worin das zu tarnende Objekt außer Sicht, gar außerhalb der normalen Gegenwart verschwindet.

Man kann einen statischen, immobilen Bunker auf oder unterhalb der Erde nicht beschleunigen, da es statisch, fest verbaut ist. Man kann das Bauwerk höchstens mit einer Strahlung „ummanteln". Und man kann versuchen, das Gebäude aus dem natürlichen Gravitationsfeld der Erde „herauszulösen".

Herausgelöst aus der Erdgravitation, in einem „Schwebe-Zustand" (nicht mehr in der Gegenwart, nicht richtig in der Zukunft), also in einer Zeitblase in der unmittelbaren „Zukunft", was nur 1 Sekunde vom hier und jetzt bedeuten kann, dort, wo die Zeit still zustehen scheint.

Ein Objekt, eine Militäranlage und dergleichen befindet sich solange permanent in einer relativen Zukunft, von der Gegenwart unerreicht und somit für die Außenwelt unsichtbar, bis man das Objekt wieder zurückholt, in dem man z.B. einfach die Energiezufuhr der Zeitblase abschaltet.

Ob es diese Tarnmöglichkeit gibt, ob sie jemand, ein Hobby-Forscher durch „unwissenschaftliche" Methoden per Zufall herausgefunden hat, ob dies überhaupt funktioniert, wird derjenige beantworten können, der professionell mit solchen Tarnmaßnahmen zu tun hat.

Der oder diese Personen können sich gerne bei dem Autor KPR melden. Vertraulichkeit wird zugesagt!

Die Aussagen des Otto Cerny

Der Ingenieur Otto F. Cerny wurde am 5. Dezember 1909 in Linz, Österreich geboren und verstarb in Huntsville, Alabama, USA am 26. September 1985.

Bevor Dipl.-Ing. Cerny zu Wernher von Braun nach Peenemünde ging, war er im Jahre 1936 auf dem Raketenflugplatz in Kummersdorf. Ab Mai 1936 bis April 1945 arbeitete er dann für die Heeresversuchsanstalt in Peenemünde.

Unter der U.S. amerikanischen „Operation Paperclip" geriet Otto Cerny im Jahre 1957 nach Fort Bliss in die USA. Bis dahin war er in Österreich beruflich tätig.

Anmerkung:

Es sieht so aus, dass auch Otto Cerny, wie Josef Blumrich, Ende der 1950er Jahre in die USA geholt wurde, um für Wernher von Braun an einer Großrakete - Juno/Nova - zu arbeiten, die später, Anfang der 1960er Jahre eine USAF-Besatzung zum Mond brachte.

Ing. Cerny ging 1982 in den verdienten Ruhestand.

Hier einige weitere Aussagen zu Otto Cerny in den USA und was er zuvor im Krieg in Peenemünde gemacht hatte, entnommen von den Recherchen des Autors Henry Stevens, „German Research Project", aus seinem amerikanischem Buch „Hitler´s suppressed and still secret Weapons . . .", Henry Stevens, 2007:

Henry Stevens kannte einen Freund, dessen Vater bei der NASA in Alabama arbeitete und auch Kontakt zu ex-Peenemünder Technikern hatte, die in die USA aufgrund „Operation Paperclip" geholt wurden.

So war der Vater - der U.S. NASA Ingenieur, wo der Sohn und Freund von Henry wohnte - auch mit Cerny bekannt, der zu dessen Familie eingeladen wurde.

Henry wurde erzählt, dass Otto Cerny ein Ingenieur und Physiker war. Er trug in Peenemünde für mehrere Projekte die Verantwortung. Deshalb hatte man ihn später wohl in die USA „gelockt" (wie Blumrich, Anm.d.A.).

Cerny war in Braunschweig an der dortigen Forschungsanstalt, DFL für Luftfahrt, und machte dort auch seinen Flugschein.

Von September 1939 bis April 1940 arbeitete Otto Cerny an weiteren Forschungsstätten (möglicherweise AVA Göttingen und DVL Adlershof) und ging dann nach Rechlin. Danach war er bis Kriegsende in Peenemünde tätig.

Dort soll er an einem Raketentriebwerk gearbeitet haben, ggfs. im Zusammenhang mit der HS 292 Luft-Luft-Flugabwehrrakete.

Cerny erzählte bei den Abenden, wo er bei dem NASA Ingenieur eingeladen war, dass er, Anfang des Krieges in der Nähe von Breslau, Schlesien tätig war. Dort traf Cerny auch seine spätere Frau, die in einem Krankenhaus in Breslau arbeitete.

Eines Tages erwähnte Otto Cerny „verrückte Experimente betreffend der Natur der Zeit". Cerny war bei Nachfragen zu diesem interessanten Thema immer sehr vage, als dufte er darüber nicht sprechen.

Dafür gab Otto Cerny zum Besten, dass er an einem Strahl -, oder Raketentriebwerk arbeitete, das für ein Fluggerät gedacht war, dass der V-1 Konstruktion ähnelte.

Anmerkung:

Siehe hier in den Büchern des Autors KPR die mehreren Hinweise auf kleine geflügelte Raketen, Spindeln mit Flügeln usw.

So gibt die Personalakte her, die in den USA über Otto Cerny angelegt wurde und die Henry Stevens im Rahmen des „Freedom of Information Acts" erhielt, dass er unter anderem an einer Henschel Hs 292 mitgearbeitet hatte.

Die Henschel HS 292/293 war eine Gleitbombe, die aus der Sprengbombe SC 500 hervorging und Tragflächen erhielt. Die Bombe konnte optisch nach dem Zieldeckungsverfahren ferngesteuert werden.

Hier könnte, ähnlich dem Bombentorpedo, BT-1000, der mit einem Raketenantrieb motorisiert war, auch die Henschel Gleitbombe als Luft-Luft Rakete zum Angriff auf Bomberformationen, oder in einem Dritten Weltkrieg ab Sommer 1945, ausgestattet mit einem nuklearen Sprengkopf, zur Vernichtung von sowjetische Atombombern vorgesehen gewesen sein.

Henry Stevens schreibt in seinem o.g. Buch:

„The new weapon (Hs-292) was an **air-to-air guided missile** which was **fired from a carrier aircraft**, such as the two engined He 111 bomber, and **steered** towards the target through a **thin wire linkage** and an operator using a **joy stick**.

The new weapon was a **high-altitude air-to-air weapon** that was again launched from an aircraft and guided via wire and joy-stick, but its target was not a ship beneath on water, but an **enemy bomber formation above in the sky.**"

Anmerkung:

Dasselbe Konzept, vorhandene, ferngelenkte, raketenbetriebene Waffen, ob der BT-1000 Torpedo, oder hier die HS 293 Gleitbombe für Schiffsziele, umzuarbeiten, dass sie als Abstandswaffen, ferngelenkt gegen Bomberformationen, wohl hier gegen eindringende Sowjetische Atombomberformationen im Dritten Weltkrieg eingesetzt werden sollten.

Interceptors for WWIII

with Nuclear Rockets shooting down Soviet A-Bombers

Abb.:

So, wie die Messerschmitt Me 163 als Abfangjäger für den Verschuss des BT-1000 gegen alliierte Bomberströme vorgesehen war, so hätte auch eine Abwandlung der Hs 293 Gleitbombe gegen große, gar atomare Bomberströme eingesetzt werden können.

Abschlussbemerkung:

Wurde in Peenemünde unter anderem auch an elektromagnetischen Anwendungen für die Luft- und Raumfahrt geforscht und wurden in diesem Zusammenhang bestimmte EM-Effekte entdeckt, die man versuchte, militärisch nutzbar zu machen.

Gab es anderswo auf der Welt ähnliche Forschungen betreffend des elektromagnetischen Spektrums, auf die man in Deutschland während des Krieges zurückgreifen konnte?

Forschungen und daraus resultierende Anwendungen, die heute aktueller denn je sind und weiterhin der strikten Geheimhaltung unterliegen?

Quax in Afrika

Eine kleine, fiktive Unterhaltung in Berlin, irgendwann 1943:

„Herr Reichsminister . . . Ich benötige für meinen neuen Film mehrere Sportflugzeuge, darunter Klemm 25, den 2-sitzer, dazu Stieglitz oder Kadett, wenn es geht, alle drei Sportflugzeuge. Dazu eine schön bemalte Kunstflugmaschine mit Pilot, der Kunstflug beherrscht . . . Alle in ziviler Bemalung . . . Ich würde mich freuen, wenn alle Mühlen neu, oder zumindest so gut, wie neu wären . . . Ich werde sie allesamt in Silber bemalen lassen, mit einer zivilen, fiktiven D-Kennung.

Ein kleiner Flugplatz, ein kleiner Nest für die Statisten, alles etwas verschlafen, ohne größeren Betrieb, irgendwo im Süden, in Bayern oder Protektorat wäre mir lieb . . . .

Ach, Herr Reichsminister . . . Ich verwende keine, wie auch immer gearteten NS-Symbole in meinem neuen Film. Auch keine Propaganda Sprüche oder Durchhalteparolen, alles soll wunderbar zivil sein und die schöne heile Welt darstellen. Ich scheiß auf die Nazi-Propaganda oder den Endsieg, auf das gesamte Dritte Reich! Ist eh schon alles verloren. Ich plane bereits für Zukunft, die Nachkriegszeit.

Das Hoheitszeichen, das Hakenkreuz an allen Maschinen, auch an meinen eigenen, englischen Privatmaschinen, die ich mitbringen werde, lasse ich für den Film entfernen, damit sie keine Gott verdammten Nazi-Flugzeuge mehr darstellen!

Sagen Sie das den Kontrolleuren und Kritikern . . .

Also, ich benötige als Mindest-Budget so um die zwei Millionen RM für die Produktion, die Vergütungen, Gagen, Handwerker, Kulissen und so weiter . . .“

Heinz grinste verschmitzt und hielt dem Herrn Minister einen vorbereiteten Wisch unter die Nase, damit dieser das Papier nur noch abzuzeichnen brauchte.

Der Minister nickte seufzend und kritzelte widerwillig seinen Namen darunter.

. . .

Der Spielfilm „Quax in Afrika" wurde im Dritten Reich in den Jahren 1943/44 gedreht. Die Komödie ist die Fortsetzung des Spielfilms „Quax, der Bruchpilot".

Rühmann letzter komödiantischer Film wurde nicht mehr im Dritten Reich uraufgeführt.

Kurz nach dem Krieg war die Aufführung von „Quax in Afrika" von der alliierten Militärregierung verboten worden, da er angeblich rassistisch sei (weil über, die im Film vorkommenden „Neger", einige lockere Sprüche gemacht wurden, die man auch heute, in „Frieden und Freiheit" immer noch hören kann, wenn auch öffentlich nicht „politisch korrekt," da zensiert!).

Der Film aus 1944, mit einigen Fliegereinlagen, wurde im Jahre 1947 im „neutralen" Schweden uraufgeführt und wurde in deutschen Kinos zum ersten Mal im Mai 1953 gezeigt.

Der UFA und beliebter Volksschauspieler Heinz Rühmann interessierte sich neben seiner Schauspielerei auch für die Fliegerei und war sogar mit dem Flieger- und Kunstflugexperten Ernst Udet befreundet.

Hier einige Informationen zu dem Filmschaffenden und Privatpilot Heinz Rühmann und dessen damaliges, politisches Umfeld als Hintergrundinformation:

„Ministerialrat Dr. Fritz Hippler war Leiter der Filmabteilung im Propagandaministerium, später Reichsfilm-Intendant.

Hippler sagt nach dem Krieg in einem Interview aus 1980 folgendes:

„In wichtigen Dingen, zu denen der Film ja gehörte, war die **Auftragserteilung sehr genau und ebenso die Kontrolle der Durchführung**. Was die **Eigenwilligkeit** anbelangt, so gilt hiefür für die Filmkünstler, was schon Lessing gesagt hatte, als er sagte, **„die Kunst geht nach Brot"**.

Warum sollte ein Künstler dem Willen des Brötchengebers, also des Auftraggebers **zuwider handeln**, Auftrags widrig handeln, und damit **das Risiko eingehen**, keine Aufträge mehr zu bekommen."

...

1941 schaffte es endlich Heinz Rühmann einen Film zu drehen, in dem **er auch fliegen darf**. Das war lange sein Wunsch. Man hatte keine Kosten und Mühen gescheut, einen geeigneten Stoff zu finden.

Sogar ein Preisausschreiben in der Zeitschrift „Filmwelt" hatte es gegeben: **„Gesucht wird Fliegerstoff für Rühmann"**.

Zehn Preisträger konnten einen Rundflug mit dem Star in dessen Privatmaschine (eine englische de Havilland!!, keine deutschen Maschinen von Bücker oder Messerschmitt, Anm.d.A.) gewinnen.

Rühmann ist inzwischen Leiter einer eigenen Produktionsgruppe in Babelsberg und **bestimmt selbst**, was gemacht wird.

Sein Jahreseinkommen liegt bei 240.000 Reichsmark.

Die Begeisterung fürs Fliegen führt zur Freundschaft mit dem
Fliegerass und Raubein Ernst Udet, dem besten Piloten Deutschlands
und General der Luftwaffe.

Der politisch naive Udet spürt, dass er von den Nazis missbraucht
wird.

1941, während Rühmann den Film „Quax, der Bruchpilot" schneidet,
nimmt sich Udet das Leben.

Der folgende Spruch von Quax wurde damals zum geflügelten Wort für
alle Gelegenheiten, positiv, oder negativ:

„Hiermit eröffne ich die Badesaison!"

(Gemeint ist hier der Absturz von Quax in einen Weiher mit seiner
„Udet Flamingo", einer Kunstflug- und Schulmaschine der 1920er
1930er Jahre, Anm.d.Autors!)

...

1944 wird die letzte Rühmann Komödie gedreht, mitten im Bombenhagel.

Zweieinhalb Millionen Reichsmark stehen zur Verfügung, kaum weniger
als sonst. Die Scherze sind deutlich böser, bitterer und auch
rassistischer."

In einer Szene aus o.g. Kinofilm bläut Rühmann, als Fluglehrer „Groschenbügel", seinen
Flugschülern einer privaten(?) Flugschule in dem fiktiven Ort „Bergried" im Allgäu unter
anderem ein:

„ . . . Ihr könnt vielleicht fliegen. Aber diszipliniert
fliegen . . . , das könnt ihr alle nicht!

Und die **größte Begabung ohne Disziplin** ist weniger wert, als eine
geringere Begabung mit Disziplin! . . ."

Zitate entnommen aus der ARD-Dokumentation: „Heinz Rühmann - Ein Volksschauspieler, (Doku 1992)".

Anmerkung:

Disziplin in der Fliegerwelt gilt heute umso mehr und ist nicht unbedingt eine reine Nazi-
Tugend!

Gedreht wurde die Komödie im Allgäu, Bayern, auf dem Fliegerhorst Kempten-Durach.

Dazu heißt es beispielsweise bei „deZeng, Luftwaffe Airfields in Germany 1935-45:

Kempten-Durach (GER) (47 41 35 N - 10 20 30 E)
General: operational airfield (Einsatzhafen) in Bavaria 105 km WSW
of Munchen (Munich) and 81 km SSE of Ulm; airfield 4 km SE of
Kempten and immediately SW of the village of Durach.

History:

Existed since 1938 as a small landing ground for training. Used for glider training and as a practice field for elementary flight training during the war, and also as a factory airfield (Industriehafen) for the Dornier firm. Surface and Dimensions: grass surface measuring approx. 825 x 685 meters (900 x 750 yards).

No paved runway.

Infrastructure: had 1 small hangar with a paved hangar apron and an adjacent workshop building, both at the NE corner. Personnel were probably billeted in nearby villages and farms. Nearest rail connection was a branch line from Kempten to Durach which passed close to the NE corner of the landing area. Dispersal: no organized dispersal."

Es wird von sechs(!) Flak-Türmen berichtet, die um ein Gebäude, das rund 1.200m von der NW Landebahn entfernt stand.

Einsatzverbände sollen nicht auf dem Platz gelegen haben.

Der Ort Kempten-Durach war ein Arbeitsplatz für die Luftkriegsschule Fürstenfeldbruck und zur Schulung von Flugzeugführern, hier auf Focke-Wulf 44 „Stieglitz" vorgesehen.

Trotzdem konnte Rühmann den Platz in Kempten für seinen Dreh alleine beanspruchen.

Eines der vielen Paradoxa im Zusammenhang mit dem Film und Heinz Rühmann selbst (siehe hier auch die Unmöglichkeiten im Zusammenhang mit dem Filmschaffenden Alfred Hitchcock, der Dinge verfilmte, die bis zu Hochverrat reichten), wie die Flugzeuge und deren Markierungen:

Hier einige Flugzeuge, herbeigeschafft für Rühmanns Film, die man als Zuschauer auf dem Platz in Kempten-Durach während des Drehs „Quax in Afrika", 1944 identifizieren kann:

Abb.:

Entnommen aus einem kleinem Dokumentationsfilm, der die Dreharbeiten und die Filmcrew des Rühmann-Films „Quax in Afrika", 1944 im Allgäu begleitete.

Oben abgebildet, eine Bücker Bü-131 D-PRIK (Registrierung fiktiv?), einmotoriger Doppeldecker als Privat- und Schulmaschine.

Beachte Kreis am Seitenruder, der ggfs. dreifarbig dargestellt wurde!

Ob der Kreis mit den möglicherweise drei Farbfeldern in evtl. Rot, Schwarz und Gelb gehalten ist, kann leider nur schwer ausgemacht werden.

Nebenstehender Lockheed „Starfighter" der GAF, „German Air Force", hier ein Demonstrator der U.S.-Firma Lockheed mit „deutscher" Kennung, also eine Kokarde in den Farben Schwarz, Rot, Gold als Nationalitätskennzeichen. Offiziell ist bis heute an allen deutschen Militärmaschinen, aber auch gepanzerten Fahrzeugen, das „Eiserne Kreuz" das Symbol für Deutschland, zusammen mit der Deutschlandfahne in Schwarz, Rot und Gold.

Beachte also bei der, in Silber über alles lackierten Bücker Bü-131 „Jungmann", dass am Heck, am Seitenruder, wo sonst im Dritten Reich bei Zivilmaschinen ein rotes Band mit weißem Kreis und schwarzem, auf der Spitze stehenden Hakenkreuz als Nationalkennzeichen angebracht waren, hier eine bunte Fantasiebemalung zu sehen ist.

Kein offiziell gültiges Nationalkennzeichen, kein damals übliches Hakenkreuz, also ein „Freibeuter", ohne Staatszugehörigkeit.

Nur die „D-E" – Kennung ist aufgemalt, dazu drei Buchstaben, wahrscheinlich eine Fantasieregistrierung.

„D" für Deutschland, „E" für „Einmotorig bis 1,5 to", oder heute 2 to Abfluggewicht.

Warum hat der Bücker Doppeldecker kein Nationalitätskennzeichen, sollte die Maschine doch, gemäß Film-Narrativ bei einem Luftrennen über Italien, Spanien, bis Afrika und zurück, teilnehmen.

Dazu hätte es ein bestimmtes, farbliches Nationalitätssymbol/-kennzeichen benötigt, wie das „D" für Deutschland bei jedem Autokennzeichen, wenn man in das Ausland reist.

Aber auch im Inland hatten, nach internationalen Luftfahrtregeln, alle Maschinen das damalige Hoheitszeichen, das Hakenkreuz am Heck der Maschine zu tragen, auch im Dritten Reich!

Nur bei Rühmann nicht!

Obige Bücker Bü 133 wurde im Film nicht gezeigt, wohl wegen des etwas zu auffällig bemalten Seitenruders!

Andere Maschinen auf dem Platz in Kempten und im Rühmann-Film, alle hatte sie kein Hakenkreuz am Heck:

Abb.:

Beachte das fiktive Emblem „Fliegerschule Bergried", daneben auf dem beweglichen Teil des Seitenruders die Werknummer der Maschine.

Kein Hoheitszeichen.

Wurde das Logo der fiktiven Flugschule durch den Unglücksraben Hans Huckebein inspiriert?

Abb.:

Eine de Havilland D.H. 80 „Puss Moth" in weiß mit roten Streifen und deutscher Kennung D-EPEX, wohlmöglich aus dem Umfeld von Rühmanns Flugzeugpark. Es ist im Film noch eine zweite „Cerura Vinula", eine „Gabelschwanzmotte", Puss Moss Nachtfalter D.H. 80 des britischen Flugzeugproduzenten de Havilland auf dem Platz in Kempten mit deutscher Kennung und übermaltem Hackenkreuz zu sehen.

Obige Puss Moth hat kein Hakenkreuz am Heck auf rotem Band, wie bei Zivilflugzeugen im Dritten Reich sonst üblich. Wahrscheinlich wurde in Kempten extra für den Film das deutsche Nationalitätskennzeichen übermalt.

Keine einzige Maschine, die auf dem Platz in Kempten während des Drehs mit Rühmann am Boden, in der Halle, auf dem Vorplatz herumstanden oder in der Luft waren, hatten ein Hakenkreuz am Heck. Entweder waren die Maschinen neu bemalt und wurden erst gar nicht mit dem Hoheitszeichen des Dritten Reiches versehen, oder ältere Privatmaschinen von Rühmann bekamen das Hakenkreuz absichtlich retouchiert, übermalt!

Warum hatte man Heinz Rühmann von Seiten der deutschen Führung nicht angeraten, er möge doch, Anstelle seiner englischen Sportflugzeuge, die großartigen, Ingenieurs mäßig besten deutschen Luftfahrzeugprodukte zu fliegen, um die „Überlegenheit der arischen Rasse und des Großdeutschen Reiches" zu demonstrieren?

Da Rühmann bei seiner privaten Sportfliegerei sich gerne auf dem Flugplatz und Industriehafen Rangsdorf bei Berlin aufhielt, hätte er eine Bü-131 „Jungmann" (wie im Film vorgesehen), eine Bü-181 „Bestmann", gar die Rekordmaschine Messerschmitt Bf-108 „Taifun" fliegen können, alle wohlwollend gesponsert von der deutschen Luftfahrtindustrie.

Rühmann flog englische Sportmaschinen!

Der Produzent Rühmann drehte im Allgäu, in Durach auf einem Fliegerhorst der Deutschen Luftwaffe einen „neutralen" Fliegerfilm, der nicht ideologisch verbrämt war oder das Dritte Reich verherrlichte.

Abb.:

Flugshow in „Bergried" zum Anlass des Afrika-Rundflugs, der über Italien, Spanien nach Nordafrika und zurück von mehreren, teilnehmenden Flugschulen geflogen wurde.

Es gibt auf dem Flugplatzfest keine einzige Fahne mit einem NS-Symbol zu sehen. Alle Flaggen waren „neutral", bis auf obige.

Dafür konnte man den Spruch: „Wer fliegt, hat mehr vom Leben" auf einem der Banner erkennen.

Darunter eine Fahne mit der Aufschrift DVS.

Die „Deutsche Verkehrsfliegerschule", DVS wurde in Berlin-Staaken im April 1925 gegründet. Später war der Hauptsitz in Braunschweig, wo heute noch das Bundesluftfahrtamt residiert.

Mehrere Verkehrsfliegerschulen in der damaligen Weimarer Republik waren in Wirklichkeit getarnte Schulungsstandorte für die Militärfliegerei, die aufgrund des Versailler-Vertrages in Deutschland nach dem Ersten Weltkrieg verboten war.

Nachdem im Jahre 1933 die Nazis die Macht übernahmen und das Reichsluftfahrtministerium, RLM, entstand, gingen auch die „Verkehrsfliegerschulen" in den Verantwortungsbereich des RLM über.

Es gab also zum Zeitpunkt des Drehs im Jahre 1944 in Kempten keine „DVS" mehr

Abb.:

Könnte an einer der Hallenwände des Hangars im Kempten eine seltene „Stieglitz" mit Argus Reihenmotor abgestellt gewesen sein?

Flugaction

Stieglitz verfolgt Eisenbahnzug und fliegt in Tunnel ein

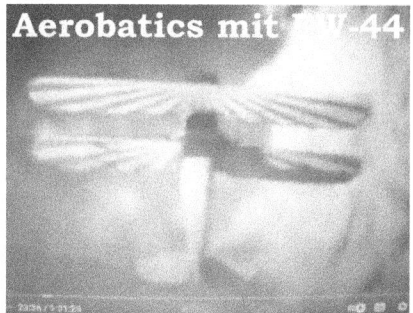

Abb.:

„Flug Action" mit einer, in zivil, weiß mit roten Streifen versehenen Fw 44 Stieglitz.

Die „Sun Burst" Strahlen auf den Tragflächen sind in der Form und Anzahl unüblich.

Woher kamen die Focke Wulf Doppeldecker, die in Durach am Boden und in der Luft zu sehen waren, wer war der Kunstflugpilot der weiß/roten FW-44, die im Kriegsjahre 1944 noch munter durch die – von alliierten Flugzeugen verpestete – Luft fliegen konnte?

Waren es neue Maschinen aus einem Ersatzdepot? Oder wurden gut erhaltene FW-44, aber auch He-72 Schulmaschinen für den Film aufgearbeitet, neu in Silber über alles lackiert und mit einer fiktiven, zivilen D - . . . Kennung versehen?

Wo wurden die Flugzeuge bemalt, wer gab die Anweisung, das Hakenkreuz wegzulassen, wer entwarf die fantasievollen Logos für die Flugschule, die Anstelle des Hoheitszeichens am Heck aufgemalt wurden?

Die haarsträubenden Kunstflugeinlagen, wie die Verfolgung eines Zuges, das Durchfliegen eines Eisenbahntunnels und das Umrunden eines Eisenbahnviaduktes, dies werden alles Modellaufnahmen im Studio gewesen sein.

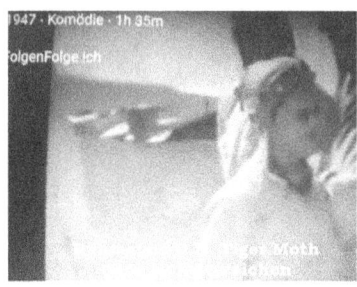

Abb.:

Im Hintergrund ist die rot/weiß oder gelbe DH 80 „Tiger Moth", die Privatmaschine von Heinz Rühmann zu sehen, nun ohne Hakenkreuz des Großdeutschen Reiches.

Rühmann durfte das Hakenkreuz, das deutsche Nationalitätskennzeichen unbeanstandet entfernen.

Eines der vielen „Flieger-Rätsel" in dieser Welt.

Werkschutzstaffel
ISS
Industrieschutzstaffel

Bail-out

Schleudersitztests
von
Focke-Wulf?

„Maier Zwo! Wo ist Maier II?"

„Der steht schon an der „2" und ist einsatzbereit!

„Alles klar!"

Als der Versuchsingenieur, der bei Focke Wulf in Bad Eilsen ausschließlich für neue Rettungssysteme für Hochgeschwindigkeitsflugzeuge arbeitete, an der FW-190 „Weiße 2" herüberkam, erklärte er Maier II nochmals kurz den heutigen Flug und die Funktionsweise des neu eingebauten Schleudersitzes:

„Herr Einflieger Maier II . . ."

„Sie könne ruhig Egon zu mir sagen . . . !", grinste Maier II, der bereits seine Fliegerhaube übergesteift hatte und sie jetzt wieder abzog, um besser hören zu können.

„Also, Egon . . . Sie halten sich im besprochenen Planquadrat 3 auf, also im Süden des Flugplatzes hier und warten, bis die Amis kommen. Es sind die dicken P-47 „Thunderbolts" eines Jagdverbandes aus Süd-England, die hier rüberkommen. Die Squadron weiß Bescheid, nicht auf unsere Focke-Wulfs des ISS zu schießen. Wir schießen auch nicht, verstanden!"

„Klar, Chef!", grinste Egon wieder, der ein Abenteuer-Typ war und gerne knifflige Missionen flog, auch und gerade, wenn es um die Erprobung neuer Flugzeugmuster ging.

„Wenn die Amis in unserem Planquadrat sind, dann werfen Sie zuerst Ihre Haube ab und wackeln mit den Tragflächen. Alle Thunderbolts haben schussbereite MG-Kameras in einer der Tragflächen und diejenige Thunderbolt, die am nächsten zu Ihrer Focke-Wulf 190 fliegt, wird sich an Ihr Heck klemmen und sie andauern verfolgen und dabei Aufnahmen machen.

„Wie hoch soll ich fliegen?"

„So um die zwei, zwei einhalb tausend Meter, damit Sie gut abspringen können und auch nicht zu lange in die Tiefe fallen. Der Fallschirm ist für solche Sprünge ausgelegt . . . Wenn

Sie erkennen, dass Sie verfolgt werden, der Kerl hinter Ihnen ebenso mit den Tragflächen wackelt, dann bestätigen Sie Ihren Katapultsitz . . ."

„Das heißt", meinte Egon, „ich löse zuerst die Arretierung der Feder mit einem, in Stufen verstellbaren roten Hebel auf der linken Seite des Sitzes. Die Feder ist voll gespannt in einem Kasten unter meinem Schalensitz und kann jetzt jederzeit entspannt werden.

Dann schnalle ich mich vom Rückengurtzeug los. Gleichzeitig ziehe ich den Beckengurt nochmals fest und überprüfe die Schnell-Entkopplung des Gurtes.

Wenn der Feststellhebel dann ganz nach vorne gedrückt wird, schnellt die Feder aus der Halterung und drückt meinen Schalensitz noch oben ins Freie. Wenn ich weit genug von der Maschine weg bin, löse ich den Beckengurt mit dem Schnellverschluss, um dann sogleich die Fallschirmleine zu ziehen und hoffentlich sicher zur Erde zu schweben . . . !", erklärte Egon, der immer noch am Grinsen war, denn dieser Einsatz war genau nach seinem Geschmack.

„Genau so machten Sie das! Nicht gleich den roten Hebel ganz nach vorne drücken, sondern erst auf Stufe eins. Sonst saust die Feder sofort los. Erst von den Schultergurten abschnallen, sonst bleiben sie an er Rückenlehne hängen und werden in Stücke gerissen. Die Lehne ist ja fest mit dem Cockpit verbunden und fliegt nicht mit ins Freie. Nur Ihre Sitzwanne, wo Sie mit Ihrem Sitzfallschirm darin hocken, wird von der starken Feder nach oben gedrückt. Dann den Hebel auf Stufe zwei und ab geht die Post . . . !"

„Hoffentlich kriegen die Amis das alles auf Film, sonst war alles umsonst . . . !", überlegte Egon, der auch gerne einen zweiten Demonstrationsflug gemacht hätte, wäre der erste misslungen.

...

Es gibt einen interessanten „Gun-Camera" Film, der von der Alliierten aus dem Zweiten Weltkrieg stammt, gemäß Aussage auf einem angelsächsischen Forum soll eine Republic P-47 „Thunderbolt" eine Focke-Wulf 190 besiegt, und den Piloten zum Ausstieg genötigt haben.

Oder die Aufnahmen sind von der Flugzeugfirma Focke-Wulf in Zusammenarbeit mit U.S. stellen inszeniert, zur Dokumentation über Schleudersitz-Versuche als „Live-Test" in der Luft unter realen Kampfbedingungen!

Denn, es wäre ein unglaublicher Zufall, wenn gerade eine P-47 auf eine FW 190 vom Focke-Wulf Werkschutz trifft, die einen Schleudersitz für den Notausstieg eingebaut bekam!

In dem Film sieht man eine, sich im Fluge befindliche Focke-Wulf 190, ob eine frühe Version, oder eine A-8, die von der 6 o`clock Position, also von schräg hinten und unten von einem unbekannten Verfolger mit einer MG-Kamera oder einer anderen Kamera, z.B. aus einem Flugzeugführerstand einer Begleitmaschine, gefilmt wurde.

Abb.:

Benutze der Werkspilot der
Focke-Wulf Werke einen
Schleudersitz von Heinkel mit
Sprengkartusche, um aus dem
Flugzeugführerstand seiner FW-
190 gerade, nach oben heraus
katapultiert zu werden, um u.a.
eine Kollision mit dem
Seitenruder zu vermeiden?

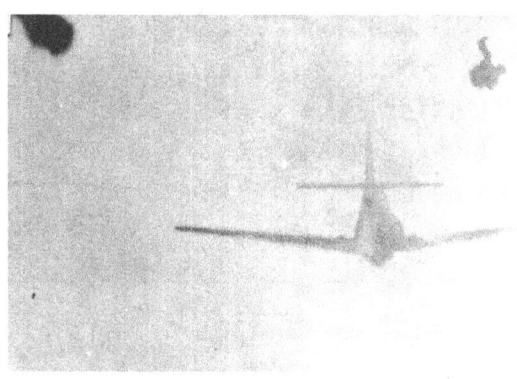

Abb.:

Eine FW-190 mit neuester Technik zum Notausstieg bei Luftkampf? Kommt die Maschine
von einer Werkschutzstaffel von Focke Wulf in Bremen?

Beachte den Piloten rechts oben, der ggfs. in einer Sitzwanne hockt, aus der er sich noch
befreien, abschnallen und diese abwerfen muss, um dann letztendlich seinen rettenden
Fallschirm zu ziehen.

Die Fw-190 steuert führerlos waagerecht geradeaus und der Flugzeugführer fliegt über die
Maschine, über das hoch aufragende Heckleitwerk, hinweg.

Ob die „Würger" durch Luftkampf Beschädigungen aufweist, ist nicht zu erkennen. Vielleicht
wurde sie nur zur Demonstration, wenn auch intakt, für einen Gun-Camera Film geopfert?

Das senkrecht nach oben Aussteigen wird der Pilot nicht durch Abstoßen mit seinen Füßen
aus dem Cockpit heraus alleine bewerkstelligt haben können. Dann hätte er die Focke-Wulf
auf den Rücken legen müssen, um nach unten heraus zu fallen. Die Maschine fliegt aber
horizontal geradeaus.

Was für einen Sitz schleuderte den Piloten ihn nach oben?

Gegebenenfalls ein Feder gespannter Sitz, der keine Sprengladung oder Druckluft benötigte?

Abb.:

Focke Wulf 190 fliegt führerlos durch die Gegend.

**Eject from FW-190
Notice Black and White
fuselage underside!**

Abb:

Die Focke-Wulf 190 soll von einer Republic P-47 Thunderbolt verfolgt und abgeschossen worden sein.

Möglicherweise hatten die P-47 als Jabo einen, zu den Focke-Wulf Werken gehörenden Betrieb angegriffen, und die Werkschutzstaffel der Firma Junkers ist mit ihren FW-190 aufgestiegen, um den amerikanischen Tieffliegerangriff abzuwehren.

Aus dem Internet:

„Als aktives Element der Luftverteidigung wurde eine eigene
Jagdstaffel, die FW-Werkschutz-Staffel, im Juni 1940 aufgestellt.
Sie flog mit Erprobungsmustern, wie der Fw 187 Falke, und gerade
fertiggestellten Jägern Fw 190 zur Abwehr der Bomberangriffe. Das
fliegende Personal bestand aus Einfliegern des Werkes. Sie sind
während der Einsätze als Reservisten in den Status von
Wehrmachtsangehörigen eingestuft worden."

Diverse Flugzeugwerke hatten mehr oder weniger alle eine eigene Staffel, die ihre Werke,
ihre Produktionsstätten vor Luftangriffen und Feindflugzeugen schützen sollten:

- BMW in Eisenach
- Fieseler in Kassel
- Focke-Wulf in Bremen
- Heinkel in Rostock
- Messerschmitt in Regensburg
- Junkers in Dessau
- Erla, Leipzig
- Ago

Alle Werkschutzstaffeln waren entweder mit neuesten Prototypen, die nicht an die Front zur
Luftwaffe gelangten, wie die Heinkel He 100 oder die Focke-Wulf 187 „Falke".

Als erstes stellte Fieseler in Kassel eine Industrieschutzstaffel mit Messerschmitt Bf-109 E-1
auf, wobei der Staffelführer Gerhard Fieseler selbst war.

Im Februar 1940 folgten die Folke-Wulf Werke in Bremen mit Fw-187, die unter dem
Kommando von Kurt Tank, dem Chef-Designer von Focke Wulf standen.

In Bremen band man neun Fw 187A-0 in die werkseigene Industrie Schutzstaffel ein und
diese wurden von Testpiloten bis zum Oktober 1943 gegen amerikanische Bomberverbände
eingesetzt.

Zuletzt stellten im Mai 1940 die Heinkelwerke in Rostock-Warnemünde eine Staffel mit He
100 D als Werkschutz auf.

Später, im Verlauf des Krieges gelang den Industrieschutzschwärmen einige Abschüsse von
zumeist U.S. Bombern, wie von Erla, die Messerschmitt Flugzeuge in Lizenz fertigen oder
Forschung und Entwicklung (Erla-Haube, Turbolader) für Messerschmitt unternahmen.

Bekamen die Staffeln und Piloten, die als Angestellte deutscher Flugzeugwerke die
Fabrikationsstätten ihrer Arbeitgeber schützen, eine bessere Ausrüstung für ihre Flugzeuge?

Dazu die Bereitstellung neuester Luftfahrttechnik, „Wunderwaffen", Radar, Funk,
Leitverfahren usw., die teilweise bis heute noch der Geheimhaltung unterliegen, was den
wahren Ablauf des Zweiten Weltkrieges betrifft?

Waren darunter auch Schleudersitze zur Rettung aus abgeschossenen Flugzeugen?

Es gab unter anderen folgende Staffeln, die von Flugzeugwerken betrieben wurden:

Fieseler, Heinkel, Focke-Wulf, Arado in einer ersten Stationierung

ISS Focke-Wulf Bremen, ISS Focke-Wulf Sorau, ISS Focke-Wulf Marienburg, ISS Arado Tutow, ISS Messerschmitt Augsburg, ISS Messerschmitt Regensburg, ISS Fieseler Kassel, ISS AGO Oschersleben, ISS WNF Wiener Neustadt, Alarmstaffel Erla Antwerpen, Jasta Erla Leipzig, und Industrieschutzschwärme bei den Flugzeugschleusen (ISS Anklam, ISS Insterburg, ISS Wien - Aspern, ISS Neumünster), sowie Industrieschutzschwarm Ludwig Hansen, Neumünster in einer zweiten Stationierungswelle-

Warum ist bis heute, Stand 2023, nicht bekannt, dass auch Kolbenmotor-Jäger, wie die Focke-Wulf 190 „Würger" ggfs. mit einem Katapultsitz ausgerüstet wurden?

Was ein Schleudersitz ist, wie er funktioniert, alles ist hinlänglich in der Literatur und für Interessierte seit Jahrzehnten bekannt.

Im Sommer 1943 erprobte man bei Focke Wulf in Langenhangen einen neuen Schleudersitz an einer FW-190 A-0 mit dem Stammkennzeichen SB + IE, Werk-Nr. 0022.

Die Versuche sollen nicht erfolgreich gewesen sein und die Erprobung mit einem pneumatischen Schleudersitz wurde abgebrochen. Der Sitz, von der Lübecker Firma Dräger gefertigt, und seine Vorrichtung, diesen mit Druckluft aus dem Flugzeugführerstand zu katapultieren, war zu schwer. Man machte lieber Versuche mit Sprengkartuschen.

Schleudersitze waren in der Luftwaffe für neue Prototypen Standard. Wahrscheinlich auch für Messerschmitt Me 262 Strahler, die mit neuen Waffen, wie Bk-5 erprobt wurden.

Hochleistungsmaschinen, wie die Heinkel He 219 oder die Dornier Do 335 bekamen Schleudersitze mit Treibsatz-Kartuschen. Und es gab auch mehrere erfolgreiche Ausstiege mit solchen Schleudersitzen, hauptsächlich aus dem He 219 Nachtjäger, die die Besatzungen vor dem Absturz retteten.

Angeblich gab es keinen echten Notausstieg mit einem Schleudersitz aus einer havarierten Do 335, aufgrund einiger Fehlfunktionen. Bei einer, am Boden notgelandeten Do 335 löste der Sitz aus und schleuderte den Piloten nach dem Flug aus dem Cockpit auf die Landebahn. Ein anderer Pilot konnte, nachdem der Katapultsitz versagte, „traditionell", also manuell aus dem Führerstand über die Tragfläche nach hinten unten aussteigen, immer mit der Angst, nicht in den hinteren Propellerkreis zu geraten, dessen Absprengmechanismus ebenfalls versagt hatte.

Teilweise waren die Propeller bei Schleudersitzausstiegen absprengbar, wie bei der Dornier „Ameisenbär". Große Bomber, wie die Heinkel he 177 und dessen viermotorige Varianten erhielten ebenfalls Schleudersitze, um die Besatzung beim Ausstieg vor den großen Propellern zu schützen.

Auch die Heinkel He 162 bekam einen Katapultsitz mit kleinen Sprengsätzen, um den Piloten über das Strahltriebwerk, das oberhalb des Rumpfes montiert war, bei einem Notausstieg zu verhelfen.

Andere Maschinen nach dem Krieg verschossen den Piloten teilweise nach unten, von der Rumpfunterseite weg ins Freie.

Die Firma Heinkel war für eine Schleudersitzentwicklung bis Kriegsende in der Hauptsache verantwortlich, sowie für die Produktion und Ausrüstung diverser Luftwaffenmaschinen mit diesen Sitzen.

Die Amerikaner interessierten sich sehr für die Heinkel Katapultsitze und nahmen diesen als Kriegbeute mit in die USA zur weiteren Untersuchung.

Neben den, mit Druckluft betriebenen, oder mit Sprengsätzen herausgeschleuderten Sitzen gab es aber auch ein Katapultsystem, das auf eine gespannte, unter hohem Pressdruck stehende Feder beruhte, auf dem der Pilot innerhalb einer Sitzwanne saß.

Leider gibt es so gut wie keine Informationen über Feder gespannte Sitze. Wer sie entwickelte, produzierte und wo diese eingesetzt wurden.

Reimar Horten erwähnte in dem Buch „Nurflügel", dass die Ho IX einen Feder gespannten Sitz besaß, ohne weitere Details anzugeben.

Und eben obige Bilder einer Focke-Wulf 190, wo ein Pilot senkrecht nach oben aus dem Cockpit seiner, sich im Fluge befindlichen Maschine, springt.

Ein Katapultsitz mit einer starken, unter Spannung stehenden Feder ist, was das zusätzliche Gewicht betrifft, leichter, als ein Pressluftsitz mit samt den Druckleitungen und Pressluftflaschen.

Warum wurde ggfs. solch ein Katapultsitz mit Feder bei Focke-Wulf einsatzmäßig im Gefecht erprobt?

Weil solche Sitze, die leicht waren und keinen Explosionsdruck, wie bei Sitzen mit Kartuschen entwickelten, in spezielle Maschinen aus einem bestimmten Grund eingebaut werden sollten?

Kurt Tank entwarf unter anderem auch die Focke-Wulf „Flitzer" oder die TA-183 „Huckebein".

Beide Maschinen hatten druckbelüftete Führerstände, um in großen Höhen, über 10.000 m als Jäger gegen Höhenbomber zu operieren.

Das Cockpit stand bei diesen Höhenjägern unter Druck, um eine Atmosphäre in niedrigere Höhen, unterhalb von 4.000m zu generieren.

Unter gewohnten atmosphärischen Bedingungen kann somit ein Pilot sein Flugzeug leichter unter Kontrolle halten. Außerdem wird er nicht permanent während des Einsatzes einer Höhenkrankheit, die ihn außer Gefecht setzten kann, ausgesetzt.

Der Nachteil ist, dass die, unter Druck stehende Luft schneller durch eine Explosion entzündet werden kann und damit, unter ungünstigen Bedingungen, das gesamte Cockpit mit dem Piloten in die Luft fliegt. Wie man diese Praxis Jahre später in den USA bei einer - unbequemen - Apollo-Besatzung praktiziert haben könnte.

Katapultsitze mit Sprengsätze, die solch eine Explosion innerhalb des Flugzeuges auslösen können (siehe Apollo 1 „Unglück") wären zu gefährlich für die Flugzeugbesatzung und wurden ggfs. gegen Katapultsitze mit Federspannung ersetzt, die keine Treibsätze benötigten.

Dies alles ist aber immer noch kein Grund, solche federgespannten Sitze zu zensieren, bis heute und darüber hinaus geheim zu halten.

Es sei denn, der Folke-Wulf Höhenjäger, wie die Ta-183, war für einen weiteren Krieg, der im Anschluss an den Zweiten Weltkrieg stattfinden sollte, vorgesehen.

Und eine heimliche Produktion der „Huckebein" sollte ggfs. noch gegen Kriegsende in Norddeutschland, eventuell bereits unter Aufsicht der Engländer, von Statten gehen.

Dann wäre, im Umfeld der Vertuschung geheimer Kriegspläne im Rahmen von „Operation Unthinkable", auch ein „harmloser", Feder gespannter Katapultsitz weiterhin ein Geheimnis, das gewahrt werden muss!

Projekt Flitzer

Aus „Flieger Revue"

„Es ging darum, **einen Strahljäger zu bauen**, der die Leistungen der **Me 262 übertraf** . .

...

Eine vorläufige Ausführung des Strahljägers „Flitzer" sollte als Haupttriebwerk das BMW 003 erhalten, die endgültige Version dann mit dem deutlich stärkeren He S 011 fliegen, das damals noch in der Entwicklung stand.

Druckkabine für den „Flitzer"

Um die projektierten schnellen Aufstiege auf bis zu **rund 14 000 Metern realisieren zu können, war es unumgänglich, den "Flitzer" mit einer Druckkabine auszurüsten.**

Modernes Konzept mit gepfeiltem Flügel

In seiner grundsätzlichen Auslegung ähnelte der "Flitzer" der größeren **de Havilland D.H. 100 Vampire**, deren Prototyp im August 1943 erstmals geflogen war. Allerdings war sein aerodynamisches Konzept mit einem gepfeilten Flügel moderner als das der britischen Konkurrenz. Dennoch wurde die **Entwicklung gegen Ende 1944 praktisch eingestellt.**

Hans Multhopp, den der „Aerodynamik-Papst"" Ludwig Prantl einmal als seinen besten Studenten bezeichnet hatte, konzentrierte sich mit seinem Entwicklungsteam bei Focke-Wulf nunmehr auf die **Ta 183 „Huckebein"**.

Von insgesamt sechs durchgerechneten Varianten des "Flitzer" wurde **keine verwirklicht**. Es blieb bei der weit fortgeschrittenen Konstruktion **und dem Bau des Mock-ups**.

Druckkabine

Das Flugzeugprojekt „Flitzer" war mit einem **Druckcockpit** ausgestattet. Beim Aufstieg auf 6 Kilometer stieg der Luftdruck in der Kabine entsprechend der Abnahme des Außendrucks an.

Aus einer Höhe von 6 Kilometern wurde die Luft mit einem speziellen Roots-Gebläse zugeführt. In einer Höhe von bis zu 12 Kilometern wurde ein konstanter Druck der eingeblasenen Luft gleich 5000 mm Wassersäule aufrechterhalten.

Um eine akzeptable Temperatur in der Kabine aufrechtzuerhalten, wurde sie mit einem regelbaren Luftkühler ausgestattet. In Höhen von 12 bis 14 Kilometern sank der Druck in der Pilotenkabine auf 4500 mm Wassersäule, was dem Außendruck in 6,7 Kilometern Höhe entsprach. Um Flüge in großen Höhen durchzuführen, gab es eine Sauerstoffflasche mit einem Luftversorgungssystem.

Um die Sicherheit des Piloten zu gewährleisten, wurde im Flugzeug eine von **Junkers entwickelte Feuerlöschanlage** installiert, in der **Dachlaurin** zum Löschen von Bränden eingesetzt wurde.

Dieses Feuerlöschsystem diente der Beseitigung von Bränden in vier Abteilen des Flugzeugs:

- Abteile, in denen Kraftstofftanks installiert sind,
- Motorraum
- Linke Flügelkonsole
- Rechte Flügelkonsole.

Der Löschstoff "Dachlaurin" war in zwei Fünf-Liter-Flaschen enthalten. "
-Ends-

Anmerkung:

Hatte man vorgesehen, dass die Flugzeugfirma Focke-Wulf und Kurt Tank in Bremen einen oder mehrere Höhenjäger für die Bekämpfung von alliierten, und insbesondere sowjetische A-Bomber entwerfen und bauen sollte? Während die Messerschmitt Me 262 mit gefeilten Flügeln, ob 35 oder 45 Grad, für den schnellen Bodenangriff mit atomaren Waffen vorgesehen war, da diese TL-Maschine mit sehr hoher Geschwindigkeit aus dem nuklearen Gefahrenbereich einer Angriffszone entkommen konnte?

Vollzog man dies nach dem Krieg in den Wüsten der USA, Utah nach, wie eine Pfeilflügel-Messerschmitt, nach Abwurf atomarer Munition, unbeschadet aus der Kampfzone im Schnellflug herausfliegen konnte?

Machte man erste Vorversuche mit einer normalen Me 262 A-1, in dem man sie auf Hochgeschwindigkeit trimmte, neujer Farbauftrag, Klarlack, versiegelte Blechstöße, Ausbau der Bordwaffen und Überdecken der MK-Öffnungen?

War diese verbesserte, auf Höchstgeschwindigkeit getrimmte Me 262 so interessant, dass Howard Hughes diese Schnellflug-Messerschmitt für Luftrennen verwenden wollte, weil er damit haushoch gewonnen hätte?

Natürlich durfte Hughes die High-Speed Messerschmitt Me 262 nicht einsetzen! Sonst wäre ein nachdenklicher Rechercheur auf den absurden Gedanken gekommen, warum man auf WP-AFB eine deutsche Me 262 im Schnellflug testete, war die Maschine doch technisch, gegenüber moderneren, U.S. Strahljägern bereits veraltet. Aber der deutsche TL-Jäger war gut genug, um, wie die andere, in weiß gehaltene Me 262 HG II mit 35 Grad Tragflächen (mit der gleichen U.S. Registriernummer!!), nuklear verseucht zu werden.

Focke-Wulf 190 mit Außenlast

Bilder aus MG-Kamera Film der USAAF: "US Fighter vs. The German Luftwaffe":

Welchen bauchigen, großenBehälter trägt die FW 190 unter dem Rumpf?

**FW-190 mit unbekanntem
Behälter/Bombe unter dem Rumpf**

Abb.:

War der Behälter nichts weiter, als ein übergroßer Zusatztank (der aber am Boden bei Start und Landung geschleift sein könnte, falls man nicht das Spornrad verlängert hätte)?

Könnte der Transportbehälter aber zum Beispiel kleine „Bomblets", Streumunition enthalten haben, die die FW-190 oberhalb eines U.S. Bomberverbandes ausstreute, damit mehrere B-17 oder B-24 getroffen und zum Absturz gebracht werden konnten?

Siehe auch die Versuche über Schweinfurt im Jahre 1943, wo Plastik-Raketen so genannte „Drehflügel" oberhalb der angloamerikanischen Bomberströme, die die Kugellagerfabriken in Unterfranken bombardierten, ausstreuten, nachdem sich die Raketen zerlegt hatten und Handgranaten ähnliche, flugfähige Streumunition gegen die Bomber regnen ließen.

Besaß der, wie oben abgebildet, stromlinienförmiger Transportbehälter unterhalb der FW-190 zwei Klappen, die durch Bowdenzug vom Piloten geöffnet werden konnten, damit die Munition beim Überflug nach unten auf die Großbomber ausgestreut werden konnte?

War es wieder reines Glück, ein großer Zufall, dass eine amerikanische MG-Kamera solch eine Sonderversion der FW-190 filmen konnte, oder war der Einsatz mit U.S. Streitkräften abgesprochen?

Auffällig ist, dass der Einsatz der „Cluster Ammunition" in Form des „Drehflügel" über Schweinfurt/Unterfranken gegen U.S.A.A.F. Flugzeuge bis heute geheim gehalten wird.

Genauso könnte es sich mit dem Einsatz von Streumunition, die von Jagdflugzeugen gegen U.S. Bomber ausgebracht wurde, verhalten haben.

Dabei ist seit langem, seit dem Verwenden von deutscher SD-2 Sprengmunition der Einsatz von Streubomben im Zweiten Weltkrieg bekannt.

Deutsche Schmetterlings-Streumunition

Abb.:

Im unteren Zylinder befand sich eine Amatol Sporenladung und der obere Teil der Bomblets wurde ausgeklappt, um als Flügel die Sprengladung langsam zu Boden segeln zu lassen.

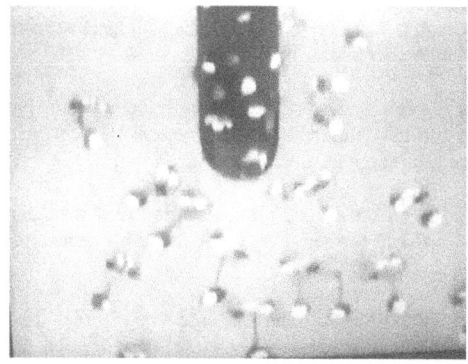

Abb.:

Streumunition wird aus einer Freifallbombe ausgebracht und rotiert zu Boden.

So ähnlich verhielt es sich auch mit den „Drehflügeln", die der Zeitzeuge Kurt Schnittke bei Messerschmitt und Dr. Lippisch als federführender Ingenieur, in Augsburg und Umgebung erprobte und die über Schweinfurt im Krieg gegen U.S. Bomber zum Einsatz kam.

Zur SD-2 Streumunition heißt es unter anderem:

„Die SD 2 bestand aus einem gusseisernen Zylinder, der mit 225 Gramm Amatol gefüllt war.

Seitlich war ein Zünder eingeschraubt, aus dem eine 121 mm lange Spindel ragte, deren Mittelteil aus einem flexiblen Drahtseil bestand.

Vor dem Abwurf war der eigentliche Bombenkörper von **zwei halbzylindrischen** und an den Stirnseiten von **zwei runden Flügeln** aus Blech umgeben. Nach dem Abwurf wurden **diese Flügel durch eingebaute Spiralfedern ausgeklappt** . . . wo sie wie ein Fallschirm wirkten.

. . . Da die runden Flügel etwas schräg standen, gerieten die Flügel (und mit ihnen die Spindel) zudem in Drehung, wodurch der Zünder nach etwa 5-10 Umdrehungen scharf wurde."

Anmerkung:

Hier sei an die „Drehflügel", „fliegende Handgranaten" erinnert, die von einer Rakete auf Höhe der alliierten Bomberströme gebracht wurden.

Auch hier drehte sich die Streumunition in der Luft und sollte auf feindliche Flugzeuge auftreffen, um durch eine Explosion einen Feindbomber zu vernichten.

Oben genannte Streumunition dagegen segelte, rotierte zu Boden und sollte dort entsprechende Einrichtungen oder Infrastruktur zerstören.

Streumunition ist bis heute geächtet. Was aber eine strikte Geheimhaltung solcher Munition im Zweiten Weltkrieg nicht unbedingt rechtfertigen muss.

Die Frage ist, ob der Einsatz der Drehflügel, der „fliegenden Handgranaten" bei Schweinfurt gezeigt hatte, dass der Sprengstoff bei den kleinen „Handgranaten" zu schwach und wirkungslos war und man einen stärkeren Explosionsdruck benötigte.

Und welche Sprengstoff-Entwicklung dann in der Streumunition zur Anwendung kam, der ggfs. bis jetzt – Stand 2023 – vertuscht werden muss, es Wert ist, bis heute und darüber hinaus geheim gehalten zu werden?

Ob auch hier nukleare Munition und Spezialsprengstoff entwickelt wurde, der so zusagen „low yield", also weniger stark kontaminierend wirkte, wie z.B. bei der Flak-Rakete von Rheinmetall, die auch, ein Jahr später, im Jahre 1944 über Schweinfurt/Unterfranken zum Einsatz mit einem nuklearen Sprengkopf gegen U.S. Bomberströme kam und einen ganzen angloamerikanischen Bomberverband zu Asche verdampfen konnte.

Warum also werden die „Drehflügel" bis heute geheim gehalten und als „UFOs" von der Propaganda verkauft, während SD-2 Streumunition allseits bekannt ist?

Dr. Alexander Lippisch

Spitzerberg, Flugerprobung
Elektrostatische Flugkörper

Rund 40 Minuten von Wien und den Büros der „Luftfahrtforschungsanstalt, Lufo Wien" von Dr. Alexander Lippisch entfernt, befindet sich in Niederösterreich der Flugplatz Spitzerberg.

Der Spitzerberg mit seinen 300 m Höhe liegt nahe dem kleinen Dorf Hundsberg, Bezirk Bruck und seiner, aus den Häusern des Dorfes herausragenden Pfarrkirche in Nieder Österreich, nicht weit von der Grenze zum damaligen „Protektorat", der Tschechei, der heutigen Slowakei.

Der Spitzerberg gehört zu den Hundsheimer Bergen und damit zu den Ausläufern der Kleinen Karpaten.

Unweit, über der Grenze liegt Pressburg und der kleine Ort Trentschin mit seiner Burg und einem Flugplatz, wo auch der tschechische Großkonzern Skoda eine Abteilung für Flugzeugbau im Krieg unterhielt.

Auch dort hielt sich Lippisch und seine Mannschaft auf, da bei Skoda, laut dem Augenzeuge Kurt Schnittke, Lehrling bei Messerschmitt und persönlicher „Luftkutscher" von General-Ingenieur Roluf Lucht, der 3 m durchmessende Flugkreisel gestanden haben soll wenn auch, betreffend einer weiterentwickelten, verbesserten Version, unfertig.

Neben dem Flugfeld Spitzerberg befindet sich auch heute noch dasselbe Hotel, wo Lippisch und seine Ingenieure während des Aufenthaltes am Spitzerberg, zur Erprobung neuer Flugzeugmuster, in den 1940er Jahren logiert haben könnten.

Von der Erprobung am Hang des Spitzerberges gibt es einige Bewegbilder, wo man sieht, wie Großmodelle, in der Hauptsache die Li P-13 und ein futuristischer Delta-Gleiter ohne Cockpit den Hang hinab segeln.

So schreibt Alexander Lippisch in seinem **stark zensierten** (oder auch in Teilen stark gelogenem, weil wichtige und klassifizierte Information weggelassen) Buch „Erinnerungen", Luftfahrtverlag Axel Zuerl, o.D. unter anderem, betreffen eines Triebflügel-Entwurfes, in dessen Konstruktion auch Dr. Sänger von der DFS in Ainring verwickelt war (Eugen Sänger selbst hat ja den „Silbervogel", einen Raumgleiter entworfen und er wird zusammen mit Lippisch wiederum an einem Raumgleiter, diesmal mit elektrostatischem Antrieb gearbeitet haben):

„Im März (1944) entstand ein entsprechender Entwurf für ein Versuchsflugzeug „P-12", das **im Mistelschlepp** (auf dem Rücken eines anderen Flugzeugs) oder mit Hilfe eines **Startschlittens** mit Raketenantrieb auf die benötigte Anfangsgeschwindigkeit gebracht werden sollte.

Nachdem wir eine günstige Form des Lufteinlaufs gefunden hatten, haben wir ein entsprechendes Triebflügelmodell im **Mai 1944** am Spitzerberg in Wien (bei Wien, 40 km entfernt!, Anm.d.A.) erfolgreich fliegen lassen."

Apropos Lügen beziehungsweise getrübte, gar absichtlich falsche Erinnerungen des Andreas Epp, eines armen, alten kranken Mannes, der von Sozialhilfe in Rosenheim in einer Sozialwohnung hauste, und der sich im Alter noch einmal wichtig machen wollte. Wichtig machen, weil Epp es versäumt hatte, damals mit Wernher von Braun und anderen in die USA zu gehen.

Stattdessen blieb er in Deutschland und hatte, aufgrund der Zensur und vehementen Vertuschung in der Nachkriegszeit und während des Kalten Krieges betreffend bestimmter Fluggeräte, nicht den Hauch einer Chance, mit seinen eigenen, laienhaften Flugscheiben-Konstruktionen auch nur irgendeinen Erfolg verbuchen zu können.

Selbst sein Patent einer Mantelpropeller-Flugscheibe, vom Autor KPR Ende der 1990er Jahre wiederaufgelegt, aber aufgrund unbezahlten Patentgebühren (und nicht etwa, weil das Patent nicht genehmigt worden wäre) nur als Offenlegungsschrift veröffentlicht, Epps Patent wurde, aus welchen Gründen auch immer, nicht ansatzweise voll umgesetzt. Wohl, weil er kein Geld für die Patentgebühren aufbringen konnte oder wollte.

Die Offenlegungsschrift von Klaus-Peter Rothkugel dagegen ist als Erfindungsschrift beim deutschen Patentamt eingeflossen. Erfinder aus Kroatien, England, USA, Japan und China haben auf dieses Patent referenziert, weil solche ideenreiche Leute und Konstrukteure ähnliche Erfindungen auf diesem speziellen Gebiet der Luftfahrttechnik - Senkrechtstarter mit Mantelpropeller-Kolbenmotoren in Scheibenform - gemacht haben.

(Anmerkung: Es gibt da ein „Historiker und Autor", der sich, an wen auch immer verkauft hat, der gerne Gerüchte und Unwahrheiten, wohl im Auftrag dunkler Mächte, auch falsche Angaben über die Offenlegungsschrift des Autors verbreitet.)

So erzählt der ehemalige Bordmechaniker auf Heinkel He 111, Joseph Andreas Epp in einem Video, wohl aus Anfang/Mitte der 1990er Jahre, über ein Sonderprojekt der Luftwaffe folgendes:

„Dann bin ich raus gefahren, außerhalb von Prag in die Berge und hatte eine „Leica A" . . . Und plötzlich hatte ich so eine Flugscheibe gesehen . . . und das war im . . . November, Dezember . . . und im Februar waren die eigentlichen Testflüge . . . und es waren Probeflüge, die man gemacht hat . . .

Und ich sah so etwas ankommen, und das hatte keine Tragflächen . . . gar nix . . . und dann . . . (Kamera) genommen . . . und weiter transportiert (Film) . . . noch mal, aber dann war sie schon über mir . . . habe ich dann das Foto gemacht . . . so schnell war das . . . dann gesehen, es war ein Flugkreisel . . . eine Flugscheibe . . ."

-Ends-

Es war eine Flugscheibe . . . ein Fluggerät mit einer fest stehenden Scheibentragfläche, aber nicht der Flugkreisel!

Es war ein elektrostatischer Flugkörper in Scheibenform:

Spitzerberg, Österreich
Flugerprobung

Fiktive Geschichte, ausgedacht vom Autor, wie es im Sommer 1944 auf dem Fluggelände Spitzerberg in der Ostmark zugegangen sein könnte:

„Also Leute, ladet das Fluggerät vom Anhänger ab und baut es gleich hier, am Rande der Grasrollbahn zusammen . . . !", befahl der Boss und machte das Schloss, das die Ladeklappe des Anhängers sicherte, mit seinem Schlüssel am Schlüsselanhänger etwas umständlich auf.

In dem kastenartigen, einfachen, zweiachsigen Anhänger, der von einem PKW mit Holzvergaser aus dem Fuhrpark des Bosses gezogen wurde, befanden sich insgesamt drei Modelle im Großmaßstab, gut verpackt und verstaut in extra angefertigten Holzgestellen, die man nun, eine nach dem anderen herausholte.

Das schnaufende Holzvergaser-Gespann - man benötigte kein Benzin, das sowieso nicht mehr genügend vorhanden war, dafür aber reichlich Holzscheide - fuhr auf Umwegen, kleinen Nebenstraßen von Wien hier her, nach Hundsheim und dem schönen Hotel neben dem Fluggelände „Spitzerberg" an der Grenze zum Protektorat.

Der Boss wollte später, wenn die Flugerprobungen hier am und auf dem Spitzerberg beendet waren, weiter nach Pressburg und dem kleinen Ort Trentschin fahren, wo Otto Kauba mit seinem Entwurf und einigen Verbesserungen ungeduldig auf ihn wartete.

„Baut erst die Scheibe zusammen . . . !", bemerkte der Boss.

Seine Mitarbeiter holten zuerst das etwas schwerere Mittelteil aus dem Anhänger und stellten es auf die drei einfahrbaren Teleskopbeine, etwas entfernt vom Anhänger, direkt ins Gras.

Das Mittelteil bestand aus einer aufklappbaren Kuppel, worunter sich ein kleiner, Zweitakt Rasenmähermotor mit nur wenig Gewicht befand. Dazu waren ein Tank zum Betrieb des Motörchens, ein wenig Elektrik, eine kleine, blaue Druckluftflasche und eine einfache Fernsteuerung auf einem Geräteholzbrett in der Mitte der Kuppel eingebaut.

Am Rand der Innenseite der Kuppel verlief ein ringförmiger Auspuff, der in jeweils acht Auspufföffnungen verzweigte, die nicht nur in einem regelmäßig Abstand zueinander angebracht waren, sondern, die auch bündig mit der Außenseite der Kuppel abschlossen.

„Welche Auspuffrohre sollen wir reinschrauben . . . ?", fragte einer der Mitarbeiter des Bosses.

„Dazu messen wir jetzt die Ionisierung der Raumladung über uns, damit wir mal kurz über den Berg mit unserer Scheibe kurven können . . . Ingenieur Hellmann . . . , machen Sie den Ballon mit dem Voltmeter bereit . . . !"

Der Dipl.-Ing. und Wettermann Hellmann winkte nur kurz zur Bestätigung und holte aus dem Kofferraum des PKW eine zusammengefaltete Ballonhülle und eine Kabeltrommel heraus. Dazu eine kleine Helium Gasflasche zum Auffüllen der Hülle.

Als der Ballon aufgeblasen, das Messgerät an einem Tragegestell unterhalb des Ballons aufgehängt und das Stahlseil der Kabeltrommel befestigt war, ließ man den kleinen Helium-Wetterballon auf Höhe steigen.

Nach 10 Minuten des auf der Stelle Schwebens in etwa 1.000 m, wurde der Wetterballon wieder eingeholt und die Messwerte vom Voltmeter abgelesen.

Der Chef schaute neugierig auf die Skala des Voltmeters und rief dann seinen Mitarbeitern zu:

„Holt die Auspuffröhren mit der negativen Ladungstrennung aus der Kiste und schraubt sie ein!"

Acht polierte, Silber glänzende Auspuffendröhren, die auf der Innenseite rau und leicht verrußt waren, wurden nun in die acht Auspufföffnungen des Ringauspuffes geschraubt.

Die Auspuffröhren waren Spezial-Legierungen aus einem Sondermetall, dessen Ionendichte entweder nur eine negative, oder aber positive Aufladung des gesamten, metallen Fluggerätes bewirkte.

Denn, normale Bleche, weder bei den Auspuffen, noch bei der Scheibentragfläche erzeugen eine Abstoßung oder Anziehung. Sie besitzen keine Wirkung auf eine jeweilig vorherrschende Raumladung und ein Fluggerät würde nie vom Boden abheben, um sich in die elektrostatische Ladung der Erdatmosphäre aufzuschwingen. Für eine Ladungstrennung benötigt man Bleche mit einem positiven oder negativen Ladungsvorzeichen.

Ein Mitarbeiter füllte währenddessen eineinhalb Liter Zweitaktgemisch in den Tank für den Rasenmähermotor, riss danach an einer Schnur, sodass der kleine Motor nach mehrmaligem Knattern und Stottern endlich zu dröhnen anfing.

Der Motor war so schlecht und fett eingestellt, dass er sofort zu Rußen anfing. Dicker, schwarzer, beißender, stinkender schwarzer Rauch quoll aus allen acht Auspuffrohren ins Freie.

Alle Anwesenden gingen im gebührenden Abstand weg von dem Mittelteil, wo man mittlerweile die Scheibentragfläche, die aus einem Stück, schön glatt und ohne Fugen, mit Hilfe eines Bajonettverschlusses an der unteren Kuppelhälfte befestigt hatte.

Nach 10 Minuten des langweiligen Herumstehens ging der Rasenmähermotor von selbst aus, da das Zweitaktgemisch verbraucht war.

„Alles klar, Leute!", rief der Boss. „Michels, Sie gehen an die Fernsteuerung und ich signalisiere unserem Tony da unten, das er die Arretierung der Scheibe am Boden lösen kann, damit das Ding endlich zu fliegen anfängt.

Denn inzwischen waren der Boss und vier seiner Mitarbeiter mit je zwei Motorrädern, wobei eines einen Seitenwagen für den Chef aufwies, den Hang des Spitzerbergs hinauf geknattert, um oben auf dem Plateau entweder die zwei Segelflugmodelle den Hang hinunter gleiten zu lassen, bzw. den elektrostatischen Flug der Scheibe zu steuern und zu überwachen.

Alle vier winkten jetzt dem Mann unten, in der Nähe des Flugkörpers zu, er solle den Haken, der die ganze Zeit die Scheibe am Boden festhielt, lösen, um den elektrostatischen Flugkörper frei zu geben.

Denn niemand wollte das Gerät, das durch die 10 Minuten des ratternden Zweitakters mit einer positiven Ladungstrennung nun hochgradig mit einigen 10.000 Volt aufgeladen war, noch anfassen.

„Sonst kann ich ja gleich eine Starkstromleitung berühren, dann bin ich auch tot!", meinte mal ein Zuschauer, der den Flug eines elektrostatischen Flugkörpers miterleben durfte.

Nachdem der Haken unterhalb der Kuppel gelöst war, sauste die Scheibe augenblicklich mit einem unglaublichen Tempo senkrecht angezogen in die Raumladung der Atmosphäre über ihr, in den blauen, fast Wolkenlosen Nachmittagshimmel.

Die letzten Regenwolken eines Gewitters, das zuvor, bevor man das Fluggerät aufbaute, über dem Gelände hingen, waren weiter gezogen, und es herrschte wieder gutes Flugwetter.

„Das Gewitter . . . Sehr gut, das hilft uns bei unserem kleinen Demonstrationsflug. Die Atmosphäre über dem Platz, dem Spitzerberg ist nun mit einer natürlichen Aufladung so gut elektrisch aufgeladen, dass unser Fluggerät beste elektrostatische Flugbedingungen erhält."

Nachdem das Gewitter vorüber gezogen war, landete ein Fieseler Storch, der aus Prag kam, und solange wartete und in einiger Entfernung kreiste, bis der elektrische Sturm abgezogen war, auf dem Fluggelände Spitzerberg.

Neben dem Piloten, stiegen zwei Leute in SS Uniformen aus dem Storch. Sie begaben sich sofort auf den Spitzerberg und warteten auf den Boss und seine Mitarbeiter.

„So, Herr Obergruppenführer . . .", und der Chef drückte dem hageren, großen SS Mann in seiner Schwarzen Ausgeh-Uniform sein Fernglas in die Hand.

„Da oben, da schwebt nun unsere Scheibe, suspendiert in der Raumladung. Elektrostatisch angezogen hängt das Gerät über diesem Punkt da. Wenn jetzt unser Ing. Michels mit Hilfe seiner Fernbedienung einen Infrarotimpuls auf die Scheibe richtet, lassen wir das Ding in unsere Richtung fliegen."

Der SS Mann nickte stumm und schaute durch das Glas.

Dipl. Ing. Michels hatte seine Fernbedienung, ein etwas grobes Teil mit einigen bunten Knöpfen und einer Wählskala in der Mitte vor seinem Bauch hängen und drückte zuerst einen roten, dann einen grünen Knopf.

Der rote Knopf ließ alle acht Drosselklappen nach unten klappen, die jetzt die Auspuffrohre an ihren bündigen Austritt an der Kuppel verschlossen.

Der grüne Knopf bewirkte dann, dass eine Pressluftflasche, die gegenüber dem Tank unterhalb der Kuppel des Fluggerätes eingebaut war, geöffnet wurde. Aus dem Ventil strömte jetzt Druckluft in das ringförmige Auspuffsystem innerhalb der Kuppel und baute einen Überdruck auf.

Jetzt drehte Michels an der Wählskala, die in 0, 45, 90, 135, 180, 225, 270, 315 und 360 Grad, also Nord, Ost, Süd und West und je 45 Grad dazwischen, eingeteilt war.

Die Scheibe hing in Blickrichtung West und sollte näher an den Spitzerberg heran fliegen.

Also wählte Michels die Drosselklappe mit der 270 Grad Öffnung. Die Klappe schwang nach oben und Druckluft strömte vom Ringauspuff nach draußen ins Freie.

Der Pressluft-Strom drückte das Fluggerät eben in die entgegen gesetzte Richtung, also nach Ost, auf den Berg zu, wo die Zuschauer nun den Anflug des Fluggerätes einwandfrei beobachten konnten.

Dann erschien die Scheibe oberhalb der Zuschauer, glänzte silbern in der Nachmittagssonne und schaukelte leicht und friedlich, lautlos, ein bisschen anmutig vor sich hin. Michels hatte die Drosselklappe verschlossen, keine Druckluft strömte heraus und die Scheibe stand jetzt still.

Alle Beobachter starrten mit Staunen und Bewunderung auf das silberne Ding, das einfach so, geradezu leichtgewichtig am Himmel hing und einige Sonnenstrahlen reflektierte.

Der zweite SS-Mann machte mehrere Aufnahmen mit seiner kleinen Spiegelreflexkamera, ob in der Ferne, wie die Scheibe über dem Dorf schwebte, oder als das Fluggerät über den Berg sauste.

„Nur für den internen Dienstgebrauch, Obergruppenführer!"

Dieser nickte und meinte, dass auch er einige Abzüge, aber für Prag benötigte. „Der Ober-Ing. Klein soll sich darum kümmern . . . ! Und die bei Skoda, wegen den Sonderblechen!"

Währenddessen drehte Michels abrupt an der Wählskala und ließ den elektrostatischen Flugkörper nach unten sausen. Denn, auch ein Luftstrom konnte durch die Mittelachse, die gleichzeitig die Kuppel stabilisierte und wo die klappbare obere Haube befestigt, zugeschraubt wurde, nach oben entweichen, wie auch nach unten. Die Pressluft strömte oberhalb der Kuppel ins Freie, das Gerät wurde entgegengesetzt, nach unten gedrückt und sauste auf die Zuschauer zu, die sich schon instinktiv ducken wollten.

Michels fing die Scheibe rechtzeitig ab und ließ sie in Richtung des kleinen, verschlafenen Dorfes Hundsheim mit dem hohen, markanten Turm der Pfarrkirche sausen.

„Die Skala muss so eingestellt werden, dass ein zukünftiger Pilot nicht immer überlegen muss, wie er, entgegengesetzt des Pressluft-Stromes sein Fluggerät steuern muss!", überlegte der Boss, der seinen neu entwickelten Raumgleiter ja auch mit einer Differenzial-Druckluftsteuerung ausstatten wollte.

Ein Modell hatte er heute dabei, und es sollte mal schön langsam den Hang des Spitzerberges hinab segeln, damit die SS-Leutchen, die hohen Tiere aus Berlin was zum Staunen und Träumen vom Endsieg hatten.

Der Boss lächelte innerlich.

„Die komischen Dinger, die man in Peenemünde oder bei WNF in Wiener-Neustadt entworfen und gebaut hatte, alles Kinkerlitzchen, Spielerei, Ausgeburten einer überbordenden Fantasie einiger, die spielen wollten. Zum spielerischen Lernen, von mir aus. Sonst sind die Dinger zu nichts zu gebrauchen, außer man versetzt alliierte Flieger in Panik und Entsetzen, wenn sie die komischen Flugobjekte am Himmel sichten!"

Der Boss schaute, wie die Scheibe nun über das Dorf kurvte und wieder in ihre Richtung gleitet.

„Bei meinem Raumgleiter, da werde ich die elektrostatischen Kräfte so anwenden, dass der Gleiter in der oberen Ionosphäre mit mehr als 28.000 km/h in den Erdorbit sausen kann. Dann brauche ich keine großen Starthilferaketen, die senkrecht ins All startet, und auf deren Vorspitze ich den Raumgleiter montieren müsste.

So fliegt ein Trägerflugzeug, auf dessen Rücken mein Raumgleiter montiert ist, die Kiste auf Höhe, um dann mit einem Walter-Raketentriebwerk weiter in Richtung Ionosphäre vorzustoßen.

Gleichzeitig laden die Heißgas-Kohlestaub-Partikel, die sich innerhalb der Staustrahlröhre meines Raumgleiters reiben, das gesamte metallische Fluggerät so stark elektrostatisch auf, dass die Fluchtgeschwindigkeit, um die Erdschwere zu verlassen, erreicht wird. Dann kann der Pilot und Raumfahrer im Erdorbit eine Raumstation anfliegen und Fracht und Passagiere übergeben."

Da wurde der Boss aus seinen Träumen gerissen, als die Flugscheibe wieder über der Grasrollbahn schwebte und langsam ihre elektrostatische Aufladung verlor und allmählich zu Boden sank.

Der Obergruppenführer wollte wissen, wann der Raumgleiter fertig ist, da man in Peenemünde und weiter östlich dabei war, eine, aus mehreren Segmenten aufblasbare Raumstation nach Vorbild von Hermann Noordung zu entwickelt, damit sie in ein paar Monaten einsatzreif sein würde.

„Mitte 1945 wird mein elektrostatischer Raumgleiter Fracht und Raumsoldaten zur Raumstation bringen können . . . Dann gehört die gesamte Welt uns . . . !"

Der SS-Mann nickte zufrieden und verabschiedete sich.

Unbemannter elektrostatischer Flugkörper

Beachte Kuppel
mit Auspuff-Öffnungen/Generatoren
zum elektrostatischen Aufladen des Fluggerätes.
Unter der Kuppel befindet sich ein Zweitakt-Motor für große Russpartikel

Klaus-Peter Rothkugel

Abb.:

Kleine, vielleicht 2,5 bis 3 m durchmessende Flugscheibe mit mehreren Auspufföffnungen um die obere Kuppel.

Die Propaganda verkauft die „Generatoren", also die Rohre, aus denen fetter, rußiger Qualm zum Aufladen der Scheibe quillt, gerne als „Portholes", als Bullaugen, um den Eindruck eines „außerirdischen Raumschiffes" zu erwecken.

Wohl genauso ein elektrostatischer Flugkörper wird man am Spitzerberg in Österreich 1944 aufgenommen haben, als die Scheibe über dem kleinen Dorf Hundsheim mit der Pfarrkirche kreiste.

Obige Modelldarstellung entnommen aus den frei und jedermann zugänglichen deutschen Offenlegungsschriften aus Mitte/Ende der 1960er Jahre, die ggfs. von Prof. Hermann Oberth selbst verfasst wurden. Die Schriften wurden vom Deutschen Patentamt veröffentlicht und sind bis heute für jedermann einsehbar, also kein Geheimnis und auch nichts „außerirdisches"!

Zitat aus dem Buch „Das Geheimnis der deutschen Flugscheiben, Teil III" von Klaus-Peter Rothkugel:

Sichtungen von ungewöhnlichen Fluggeräten während des Zweiten Weltkrieges

„June (late), **1942**, Cussey-sur-l' Ognon, Doubs, France"

"Several witnesses heard a **motor-like sound** and saw a **bluegray oval object** with a dome on top hovering just above the ground in a wooded area. It had **portholes** and a tripod landing gear, with light emanating from the portholes. As witnesses approached to within 20 meters, the object took off vertically and disappeared. A 1,5 m diameter circle was found in the grass."

(Michel Bougard, Des Soucoupes Volantes aux OVNI, 1977 sowie. «La chronique des OVNI», Jean-Pierre Delarge, Paris 1977, p. 261.)

Obige Abbildung gefertigt nach Zeichnung eines elektrostatisch angetriebenen kleinen und unbemannten Flugkörpers aus Offenlegungsschrift 1 406 416 v. 12. Dezember 1968.

Beachte „Rauch/Gas-Generatoren", runde Öffnungen in der oberen Kuppel, aus denen schlecht verbrannte, fettige und elektrostatisch aufgeladene Abgase – evtl. von einem Kolbenmotor (Zweitakter) - für den Antrieb und einer Ladungstrennung ausströmen.

Hörten die Augenzeugen, wie ein kleiner Zweitakter lief und ratterte, der das elektrostatische Fluggerät wieder auflud, weil es aufgrund fehlender Ladungstrennung auf den Boden abgesunken war. Als Endeckung drohte, musste irgendjemand in der Nähe das Fluggerät per Fernsteuerung wieder schnell davonfliegen lassen haben.

Oder wurde ein „Foo Fighter" startklar gemacht, der Richtung Norden, sich alliierten Bomber Flugzeugen nähern sollte?

Mal angenommen, die o.g. Beschreibung stimmt, wurde hier im Jahre 1942 in Frankreich ein elektrostatisches Fluggerät gesichtet? Sollte es später einen Einsatz in nördlicher Richtung entlang des Rheintals, Richtung Straßburg, Hagenau fliegen, eventuell auch nachts gegen einfliegende alliierte Nachtjäger? Siehe dazu auch das Taschenbuch „Foo Fighters Attacking!" von Klaus-Peter Rothkugel.

Der in dem Text angegebene Ort liegt an dem Fluss Ognon in der Region Doubs und ist circa 13 Kilometer nordwestlich der Stadt Besançon entfernt. Das Dorf Cussey lebte von Ackerbau und Viehzucht und ist von Waldgebieten umgeben.

Die Stadt Besançon ist die Hauptstadt des Department Doubs, eine Region in Ost-Frankreich, in der Nähe zur Schweizer Grenze.

Dazu heißt es bei Wikipedia über Besançon:

„Zu Beginn des Zweiten Weltkrieges marschierte die deutsche Armee am 16. **Juni 1940 in Besançon** ein, wenngleich das französische Militär alle Brücken vor dem anrückenden Feind gesprengt hatte.

Nach dem Einmarsch wurde **Besançon Teil des für deutsche Besiedlung vorgesehenen Frankreich**, wobei die Demarkationslinie nur 30 km westlich der Stadt verlief. Im Fall eines deutschen Siegs im Zweiten Weltkrieg wäre **Besançon Teil des Deutschen Reichs** geworden. Bis zum Bombenangriff durch die britische Luftwaffe in der Nacht vom 15. zum 16. Juli 1943, bei dem ein Bomber auf den Bahnhof stürzte und bei dem 50 Tote und 40 Schwerverletzte zu beklagen waren, war die Stadt von größeren Zerstörungen verschont geblieben.

Die Resistance wurde in Besançon relativ spät aktiv: die ersten Attentate wurden im Frühling 1942 durchgeführt. . . Am 6. September 1944 wurde Besançon von der amerikanischen 3. und 45. Infanteriedivision, die in der Provence gelandet waren, zurückerobert. Das 6. Korps der amerikanischen Armee marschierte nach viertägigen Kampf am 8. September 1944 in Besançon ein, und General Charles de Gaulle besuchte das befreite Besançon am 23. September 1944…"

-Ends-

Außerdem ist die Stadt Besançon berühmt für ihre Uhrenindustrie und den Fertigungs- und Entwicklungsbereich „Mikro Technologie".

Zur Ost-Frankreich heißt es in einem amerikanischen Buch, geschrieben von Samuel Turner:

"Speaking of **Dijon**: that was the location of our next move, which was made in early September. By then, Patton's 3rd Army… had the German armies ahead of him being pushed closer and closer to the **French-German border** on a daily bases, and those of us in the "Lightnings" (P-38) between being called in . . . , or alternately climbing up to 25.000 feet to escort an incoming flight of B-17 on their way to bomb such targets as an important **precision instrument factory** near the lovely **Black Forest town of Freiburg** (where parts for the guidance system for their V-1 Rockets were reportedly manufactured) and **Ravensburg**, just north of the Swiss Border, where a **highly disguised jet engine factory** was known to be . . . "

In Ravensburg am Bodensee gab es keine nennenswerte Rüstungsindustrie. Die Firma ZF, Zeppelin Friedrichshafen, wollte wahrscheinlich ihre Zahnradproduktion nach Freiburg auslagern. Die mittelgroße Stadt wurde nur fünf Mal mit Bomben angegriffen, im Gegensatz zu anderen Städten in der Region am Bodensee, wie Friedrichshafen (Dornier). Ravensburg war geschützte Rot Kreuz Lagerstadt.

In Ravensburg aber war die Schweizer Firma Escher-Wyss angesiedelt: „Escher Wyss AG", ursprünglich „Escher, Wyss & Cie.", war eine schweizerische Industrieunternehmung mit Schwerpunkt Maschinen- und Turbinenbau, bis sie 1969 von der Sulzer AG übernommen wurde. Der Unternehmenshauptsitz war in Zürich, Schweiz.

Wurde dort in dem Bodensee Städtchen Ravensburg in Oberschwaben während des Kriegs eine spezielle Flugzeug Gasturbine nach dem Prinzip der „AK-Anlage" entwickelt und gebaut?

Der Schweizer Aerodynamiker Jakob Ackeret, zu dessen wichtigsten Arbeiten die Forschungen zum Überschallflug gehörten, entwickelte zusammen mit Curt Keller von der Forschungsabteilung von Escher Wyss in der Schweiz eine geschlossene aerodynamische Dampfturbine, die so genannte AK-Anlage.

Dazu heißt es:

„Weitere Arbeiten im aerodynamischen Institut und in Forschungslaboratorien der Maschinenindustrie betrafen Verbesserungen an Axialgebläsen. Diese erlangten besonders **in Verbindung mit Gasturbinen** hohe Bedeutung. Im Jahre 1935 entstand in Gemeinschaftsarbeit mit C. Keller, dem Chef der Forschungsabteilung der Escher Wyss AG, der Vorschlag einer mit Luft in geschlossenem Kreislauf arbeitenden Kraftmaschine, wodurch nach eingehender

theoretischer und praktischer Durchforschung die Dampfturbine in thermischen Kraftwerken eingeführt wurde.

1936 begannen die Arbeiten für eine Versuchsanlage bei Escher Wyss, die 1939 in Betrieb genommen werden konnte. Der ETH-Professor H. Quiby unterzog die Anlage einem offiziellen Leistungstest. Diese aerodynamische Anlage wurde nach den beiden Erfindern Ackeret und Keller „Escher Wyss AK-Anlage" genannt - der Bezug zur Atomkraft-Anlage bestand nicht nur in der Abkürzung, denn wie C. Keller selbst in der der SZB (66. Jg. 1948, No.11, S.143) schrieb:

"Der geschlossene Kreislauf bietet im Hinblick auf die Ausnützung der Atomkernenergie interessante Möglichkeiten". Schon im November 1945 wartete Ackeret mit dem Plan für ein Atomkraftwerk auf, das auf dem Prinzip der AK-Anlage basierte. . . Das große internationale Interesse an der neuartigen Kraftmaschine bezeugen zahlreiche Lizenzverträge, die mit bedeutenden Industrieunternehmen in Deutschland, England, den USA und Japan abgeschlossen werden konnten.

Jakob Ackeret legte wesentliche theoretische Grundlagen zu den Strömungswissenschaften und förderte nachhaltig deren praktische Anwendung **im Flugwesen**. . . Ackeret übertrug die Ergebnisse der Hydro- und Aerodynamik auf Dampf- und Gasturbinen und brachte somit die Strömungsforschung auf einen vom Medium unabhängigen gemeinsamen Nenner.

. . . Ackeret bewegte sich in einem Wissenschaftsgebiet, das fast zwangsläufig die Militärs interessieren musste. Diese Interessen vermochte er für seine Zwecke einzusetzen, wie sich bei der Gründung des Instituts für Aerodynamik und dem Bau der Windkanäle gezeigt hat. Gegenüber Kontakten mit Vertretern autoritärer Regimes hatte Ackeret offenbar keine Bedenken.

So freute er sich 1935 über den Nachbau seines Überschallwindkanals in der **italienischen Forschungsstadt Guidonia**.

. . .

1941 erhielt Ackeret dann eine Einladung seiner ehemaligen Kollegen
in Göttingen zu einer Fachtagung in der Aerodynamischen
Versuchsanstalt. Zu dem auf den 15. und 16. September geplanten
Treffen waren zudem Ackerets Mitarbeiter Dätwyler und de Haller,
sowie Dr. Seipel von der BBC und Dr. Keller als Vertreter der Escher
Wyss AG eingeladen. Nach der Reise lieferte Ackeret einen kurzen
Bericht ab:

"Der Aufenthalt in Göttingen dauerte 2 1/2 Tage und es wurden sowohl
Vorträge gehalten als auch zahlreiche Besichtigungen vorgenommen.
Ausser den Göttinger Herren, insbesondere Prof. Prandtl und Prof.
Betz, waren Herren des Reichsluftministeriums und der deutschen
Versuchsanstalt Adlershof zugegen und zwar nur Leute, die direkt mit
den speziellen Fragen zu tun haben. Es darf gesagt werden, dass
deutscherseits ein sehr reichhaltiges Material mit grosser Offenheit
vorgebracht wurde, beispielsweise ausgedehnte Versuchsserien mit
Artillerie- und Infanteriegeschossen **und neuartigen Flugzeugtypen**.

Das Material, das wir vorbrachten, bestand zum größten Teil aus
Ergebnissen, die z.Zt. zur Veröffentlichung vorbereitet werden, bzw.
vor kurzem in Basel vorgetragen wurden. Im ganzen genommen dürfen
wir mit Genugtuung sagen, dass unsere Arbeit sehr geschätzt wird,
was auch daraus hervorgeht, dass die Bestellung von ein oder zwei
Überschallkanälen bei BBC nunmehr sehr wahrscheinlich ist

. . .

Im Dezember 1942 fuhr Ackeret ein zweites Mal während des Krieges
nach Deutschland, um in Berlin vor der Deutschen Akademie der
Luftfahrtforschung über seine Arbeiten zu berichten . . .

-Ends-

Anmerkung:

Die Forschung und praktische Umsetzung elektrostatischer Flugkörper muss bereit vor dem
Krieg im großen Stil ihren Anfang genommen haben, sodass im Jahre 1942 bereits ein
scheibenförmiger Flugkörper, der mit Hilfe von schlecht verbrannten Abgasen eines
Zweitakters elektrostatisch aufgeladen werden konnte, im Kriegseinsatz im Westen
Frankreichs war.
    Auch Lippisch und seine Forschungsanstalt, in Wien angesiedelt, wird sich mit der
Aufladung von Flugzeugen und Raumschiffen und bestimmten, zumeist unbemannten
Flugkörpern beschäftigt haben.

Wie auch viele andere deutsche Fugzeugfirmen wohl auch. So erwähnte der Sohn von Viktor
Schauberger, dass die Arbeiten seines Vaters von der Firma Messerschmitt in Augsburg
begutachtet worden sein sollen.

Auch Schauberger hatte mit seiner „Repulsine" ein Fluggerät konstruiert, das die
Eigenschaften von Wasser im Zusammenhang mit elektrostatischen Kräften nutzte. Siehe hier
Teil I der „Nachträge", wo von der „Wasserbrücke" und „positronischen Wasser" im
Zusammenhang mit Flugkörpern, die aus dem Wasser heraus Angriffe am Südpol geflogen
sind, berichtet wird.

 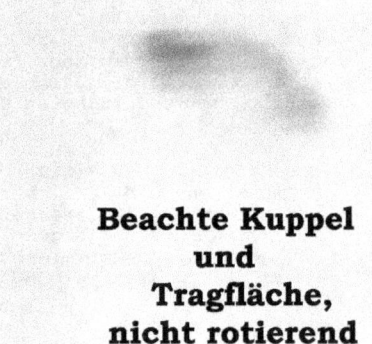

Beachte Kuppel
und
Tragfläche,
nicht rotierend

Handelt es sich um ein und dasselbe Fluggerät?

Links das Bild wurde aufgrund deutscher Patentunterlagen/Offenlegungsschriften und den darin enthaltenen Zeichnungen nachkonstruiert, rechts eine Aufnahme aus dem Besitz von J.A. Epp, von der diese bearbeitete Vergrößerung vom Autor erstellt wurde.

Beachte Kuppel und fest stehende Scheibentragfläche.

War Andreas Epp im Sommer 1944 auf dem Segelfluggelände Spitzerberg in den Hundsheimer Bergen in Österreich?

Konnte Epp zwei Aufnahmen von obigem elektrostatischen Flugkörper machen?

Nein?

Denn der ehemalige Bordmechaniker Andreas Epp war ja zur Bewährung an die italienische Anzio Front strafversetzt worden, weil er in Ölmütz beim dortigen Gericht eben nicht zum Tode, wegen versuchtem Selbstmord, verurteilt, sondern „zur Bewährung" als kämpfender Soldat an die Front strafversetzt wurde. Dies geht aus seinem Tagebuch hervor, das der Autor KPR vorliegen hat

Mit elektrostatischen Fluggeräten, mit Lufo Wien und Dr. Lippisch wird Epp nichts weiter zu schaffen gehabt haben, nach dem Prinzip von „Need to Know"!

Es war nur sein eigenes, erfundenes Narrativ, das Epp in einem Video zum Besten gab, um ein bisschen anzugeben.

Interessant wäre zu wissen, woher Epp die Aufnahmen bekommen hatte? Von einem Mitarbeiter von Lippisch oder den Leuten, den Personen, die im Sommer 1944 auf dem Spitzerberg Fluggelände in Österreich einen elektrostatischen Flugkörper aufgeladen und startklar gemacht hatten.

Von dieser Mannschaft könnte jemand eine einfache „Box-Kamera" dabei gehabt, und heimlich die zwei Aufnahmen auf dem Spitzerberg in Richtung Hundsheim geschossen haben, wo man noch die Pfarrkirche im Ort erkennen kann.

Irgendwie könnte Epp nach dem Krieg an diese Person geraten sein, die ihm die Fotos aushändigten, er sie demjenigen abgeschwatzt hatte.

Man wird es wohl nie erfahren.

Wenn Fotos und Filme der 3m großen Flugkreisel-Drohne tatsächlich existieren, dann würden diese Fotos aus den Orten, wie Prag, Trentschin, Brandis, Junkers, oder von U.S. amerikanischen Bomberbesatzungen, die offiziell oder heimlich Aufnahmen im Fluge gemacht hatten, stammen.

Auf dem Spitzerberg Gelände in Österreich, der „Ostmark" wird es die benötigte Infrastruktur zum Betrieb eines HWK angetriebenen Flugkreisel nicht gegeben haben, weder T noch Z-Stoff oder sonstige hypergole Raketentreibstoffe.

Das einzige, was es dort auf dem Segelflugplatz gab, war Benzin, Zweitaktgemisch für einen kleinen Verbrennungsmotor, mit dessen Hilfe, und den produzierten, rußigen Abgasen, man die elektrostatische Flugscheibe aufladen konnte.

Was hatte Lippisch und seine Gruppe für Fluggeräte auf dem Spitzerberg den Hang hinunter segeln lassen.

Spitzerberg, Österreich

Dr. Alexander Lippisch

Abb.:

Der Spitzerberg heute, wie damals, worunter sich ein kleiner Feldflugplatz befindet, der bis heute keine asphaltierte Rollbahn, sondern nur eine Grasbahn besitzt.

Oben auf dem Berg wird jemand gestanden haben, der nach links zum Dorf mit der Kirche hin die zwei Fotos einer elektrostatischen Flugscheibe gemacht hatte, irgendwann im Sommer 1944.

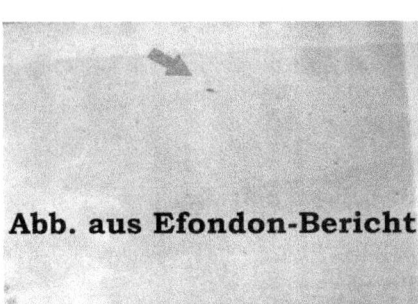

Abb. aus Efondon-Bericht

Flugkreisel über der hohen Tatra im Februar 1945. Die Maschine wurde in Pra Habermohl und Schriever. Dieses Bild und das auf der nächsten Seite hal

Abb.: links:

Wer machte diese Aufnahme von der Bergspitze des Spitzerbergs mit einer einfachen Rollfilmkamera im August 1944 über dem Dorf Hundsheim, wo unten am Rand die Pfarrkirche von Hundsheim mit ins Bild geriet?

Der „Flugkreisel", also die 3m durchmessende Drohne mit Walter-Raketentriebwerk flog ganz bestimmt nicht vom Fluggelände Spitzerberg einen Rundkurs über das Dorf und die Hundsheimer Berge.

Es war ein kleiner, elektrostatischer Flugkörper, den irgendjemand, der auf dem Berg stand, aufgenommen hatte, und der wohl bei der Erprobung oder dem Demonstrationsflug mit anwesend war.

War Lippisch zu diesem Zeitpunkt in Spitzerberg und erprobe noch weitere Fluggeräte, Flugkörper, ja Raumflugzeuge, wie einen deltaförmigen Raumgleiter, darunter auch die Li P-13 mit dem großen Heckleitwerk als Großmodelle.

Flugtüchtige Modelle, ggfs. mit kleinem Antrieb von Raketen-Feuerwerkskörpern, die man den Hang hinter startete, mit einem Gummizug in die Luft schleuderte und die aufgrund guter Segelflugeigenschafen es bis zur Grasbahn des Flugfeldes hinunter schafften.

Waren diese Modell nur aus Holz und Spannstoff, oder gar aus bestimmten Metall-Legierungen, sodass man eine positive oder negative Ladungstrennung vornehmen konnte.

Lud man - mit einem Bandgenerator - also nicht nur den scheibenförmigen Flugkörper, wie oben gezeigt, elektrisch mit mehreren 10.000 V auf, sondern auch andere, zumeist Raumgleiter Modelle, die später als Prototypen in den Erdorbit vorstoßen sollten?

Dr. Alexander Lippisch

Spitzerberg, Austria

Electrostatic Air and Space Vehicles

Flog dieses Gleit-Modell einer Li P-13 auch elektrostatisch aufgeladen den Hang des Spitzerbergs hinunter?

Denn ein Prototyp sollte ja mit einem Heißgas-Kohle-Kolloid Antrieb, dem „Kronach Lorin" angetrieben, Flüge in der Raumladung der Erdatmosphäre durchführen können.

Pfarrkirche Hundsheim

Die Pfarrkirche von Hundsheim, einem kleinen Dorf, das gleich neben dem Spitzerberg liegt und wo, in einem Hotel, Personal von Lippisch untergebracht gewesen sein könnte, als man im Sommer 1944 geheime Versuche auf dem Spitzerberg vornahm.

Der Kirchturm geriet an den unteren Bildrand, von heimlich aufgenommenen Fotos mit einer einfachen Kamera, mit der jemand das Erprobungsfluggerät aufgenommen hatte.

Ob Joseph Andreas Epp je am Spitzerberg anwesend war, wird sich wohl nicht mehr klären lassen.

Obige Pfarrkirche Hundsheim befindet sich am südlichen Rand des Längsangers in der Gemeinde Hundsheim, Bezirk Bruck in Niederösterreich. Die Kirche steht heute unter Denkmalschutz.

Flugscheibe über dem Spitzerberg

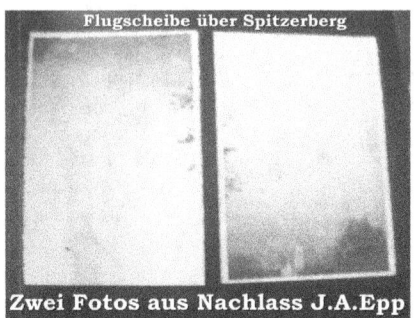

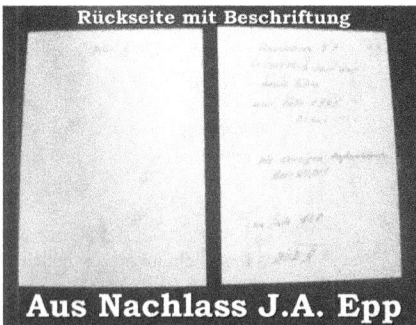

Abb.:

Diese Abzüge von einem Original unbekannter Herkunft, Vorder- und Rückseite, hatte Epp zuhauf und drehte sie jedem an, der sie haben wollte, oder auch nicht.

Die Fotos zeigen nicht den Flugkreisel, an dem Epp angeblich beteiligt gewesen sein will!

Wohl hatte es Epp nicht geschafft, nach dem Krieg, Originalaufnahmen des Flugkreisels aufzutreiben. Sodass er notgedrungen ein anderes Objekt, das ein ähnliches Flugbild, wie der „Kreisel" aufwies, verwendete, um seinen Anspruch, seinen Anteil an der Entwicklung dieses Fluggerätes öffentlich mitteilen zu können.

Ob Epp gewusst hatte, was auf den Aufnahmen tatsächlich und wo zu sehen ist, ist unklar.

Es wird ihn wohl auch niemanden danach gefragt haben. Denn leider haben in der Hauptsache die falschen Leute den ex Bordmechaniker Joseph Andreas Epp befragt oder gar gefilmt.

Der Autor dieses Buches kam leider zu spät, als er im September 1997 einen Besuchstermin mit Epp in Rosenheim/Bayern ausmachen wollte. Er war eine Woche zuvor seiner jahrelangen Krankheit erlegen.

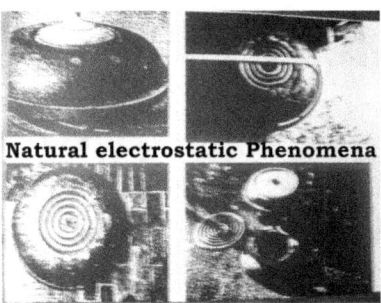

Abb.:

Die Endeckung die der Förster Viktor Schauberger gemacht hatte, beruht auf natürliche Phänomene im Zusammenhang mit Wasser und seinen Bestandteilen, sowie die Naturgewalten, die in einem Wirbelsturm entstehen und die man versucht, für Antriebe von Mschinen oder Fluggeräte nutzbar zu machen.

Das U.S.-Patent von Henry Coanda „Jet Sustained Aircraft", United States Patent Office, Patent-Nr. 2.988.303 vom 13. Juni 1961, „Jet Sustained Aircraft", Henri Coanda, Paris, France, assignor to Sebac Nouvelle S.A., Lausanne, Switzerland, a corporation of Switzerland, Filed 30. April 1957, heißt es:

„Die hier gezeigte Erfindung beschreibt ein Fluggerät in Scheibenform, das in der Lage ist, vertikal und horizontal zu fliegen, auf der Stelle zu schweben und das einen hohen Grad an Eigenstabilität aufweist."

Weiter heißt es im U.S.-Patent:

Das Gasgemisch strömt weiter innerhalb dieser speziellen Ausformungen und verwandelt die **kinetische Energie** (bewegte Energie, hier strömende Luft) **in potenzielle Energie** – einen Gasdruck, der dann, zu den am Rand des Fluggerätes liegenden Düsen-Austrittsöffnungen geleitet wird.

Dort wird je nach Verwendung dieser Gasdruck entweder in die Auftriebseinheiten oder zu den Schubdüsen verteilt.

Diese Gebläse sind senkrecht montiert und leiten das Gas und die mitgeführte Luft in spiralförmige Kammern, von wo aus die Mixtur von Gas und Luft durch Röhren in ein Sammelbecken strömt. Von hier fließt die Gas-Luftmischung durch einen runden Auslass in eine Verteilerkammer. Diese Kammer wiederum verteilt das Gemisch zu einer am Außenrand gelegenen Anzahl von Auftriebs- oder Antriebsdüsen.

Die eingesaugte Außenluft bewirkt, dass auf der Oberseite der Flugscheibe ein Unterdruck entsteht. Nachdem die eingesaugte Luft durch die „Ejector Blowers" an Fließgeschwindigkeit zugenommen hat, tritt sie an der Unterseite der Scheibe wieder aus und erzeugt Auftrieb, aufgrund des entstandenen Druckunterschiedes (Sog auf der Oberseite und Überdruck auf der Unterseite, genau wie bei jeder normalen Tragfläche auch, Anm.d.A.).

...

„In erster Linie soll aber die eingesaugte Luft, erhitzt durch ein Boiler - **kinetische Energie** - durch ein ausgeklügeltes System von sich verengenden Röhren („Ejector Blowers") in **potenzielle Energie** - Kraft- **umgewandelt** werden, um das Fluggerät anzutreiben.

Insert

Filmsequenz
Alexander Lippisch
Spitzerberg circa 1944

Versuche mit Pfeiflügelmodellen

Im Internet kann man folgenden, kleinen S/W Film, ohne Ton, finden:

Film #9 from the Alexander Lippisch Papers,
MS 243,
Special Collections Department,
Iowa State University Library.

This film shows a model of a ramjet gliding and landing. German titles that translate to "try with arrow-wing models" and "Dr. Lippisch - Vienna." This film is undated. Most likely shot in Austria.

Model test: ramjet model landing and gliding (undated)

Quelle: ISU Library. SCUA. AV Collection

Es sind zwei Modelle, die man in der Filmsequenz sieht:

- Ein Modell der Lippisch P-13
- Ein Modell eines größeren Delta-Gleiters

Was aber sieht man genau in dem Filmchen, der von Lippisch oder einer seiner Mitarbeiter gedreht wurde?

Man erkennt zwei schlecht fliegende Großmodelle, die Silber erscheinen.

Zum einen eine P-13, sowie ein unbekannter Gleiter ohne Cockpit und einer Finne am Heck.

Wahrscheinlich zeigt dieses Flugmodell die Weiterentwicklung der P-13, eines „Winged Space Plane" für Flüge in den Erdorbit und zu einer militärischen Raumstation.

Flugmodell-Versuche auf dem Spitzerberg während des Krieges

Abb.:

Unbekannter Gleiter mit Delta-Tragflächen und Seitenleitwerk am Heck.
Dazu „Wing-lets" an den Tragflächenenden, so genannte „Lippisch-Ohren".

Das Großmodell scheint mit silberner Folie oder dünnem Blech bespannt gewesen zu sein. Es hält harte Stürze auf den Boden oder Schliddern durchs Gras aus, ohne auseinander zu brechen.

Man erkennt auf dem Film, dass Rauch aus dem Heck quillt. Dr. Lippisch berichtete, dass kleine Treibsätze das Modell antreiben, beschleunigen sollten.

Abb.:

Modell fliegt nur wenige Sekunden und schmiert dann ab, um auf dem Hang im Gras aufzuschlagen.

Genauso verhält es sich mit dem Li P-13 Großmodell.

Die Flugeigenschaften der Modelle erscheinen auf dem film als schlecht, trotz Gummizug-Start bleiben die Großmodelle nicht lange in der Luft und fallen wieder zu Boden.

Warum werden diese peinlichen Flüge auch noch gefilmt?

Weil dies nicht alles ist?

Weil ggfs. die Modelle hernach elektrostatisch aufgeladen wurden und somit weitaus bessere Flugeigenschaften aufweisen konnten?

Elektrostatisch suspendiert in der Luft, somit Langsamflug, Schweben auf der Stelle und hohe Beschleunigung im Geradeausflug . . . ?

Gibt es eine weitere Filmsequenz, eine Fortsetzung o.g. Films, worin die Flugeigenschaften von elektrostatischen Großmodellen eindrucksvoll demonstriert werden konnten.

Ein „Vorher", „Nachher"?

Wurde die Fortsetzung der Flugdemonstration mit den zwei Lippisch-Entwürfen zensiert und nur die Flugeigenschaften von Flugmodellen, die ohne elektrostatische Aufladung schlechte Flugeigenschaften aufwiesen, dem unwissenden Publikum gezeigt?

9th AF

354 Fighter Group
Ansbach
Germany

Warten auf WW III?

Abb.:

NAA P-51 Mustang der 354.Fighter Group, 9th U.S. Army Air Force Europe
auf Ansbach Fliegerhorst der Luftwaffe am 8.Mai 1945, als die bedingungslose Kapitulation
Deutschlands, „Nazi Germany has Surrendered", verkündet wurde.

Beachte die hunderte, gar mehr als tausend Mann starke Fighter Group, inklusive der Bodenwarte, Begleitmannschaften, Wartungstrupps, mit eigener, silbernen, mit rotem Streifen versehene Transportmaschine Douglas DC-3, die die Beschriftung am Rumpf: „Pioneer Mustang Skylance, 254 Fighter Group" aufweist.

Große Truppe einer U.S. amerikanischen Jagdfliegergruppe in Süddeutschland.
Angeblich heißt es, dass keine größeren verbände von U.S. Jäger und Bomber auf dem europäischen Kontinent stationiert waren, sondern nur auf dem Flugzeugträger England".

Der ehemalige Luftwaffenplatz Ansbach-Kattenbach lag vier Kilometer östlich der Stadt Ansbach in Mittelfranken, Bayern, einer der Besatzungs-Zonen, die den USA zugeteilt waren.

1945 lagen Focke Wulf 190 Luftwaffeneinheiten auf dem Platz sowie im Sommer 1944 der „Sonderverband Einhorn" des Kampfgeschwaders KG 200.

Hatte die Fighter Group der USAAF sich dort eingerichtet, um vom europäischen Kontinent, vom ehemaligen Nazi Deutschland aus, Angriffsflüge gen Osten, gegen die Sowjetunion durchzuführen?

Sollte die Gruppe später gen Osten, nach Mittel und Ostdeutschland verlegt werden, näher an die Frontlinie heran, wäre der Dritte Weltkrieg im Sommer 1945 ausgebrochen?

Brigade General Otto Weyland
9th AF
Zukünftiger Heerführer für
Close Air Support
gegen die Sowjetunion?

Abb.:

Unterschrift zum Foto:

"Commanders of the US Air-Ground team that relieved Bastogne discuss plans; **Brig. Gen Otto P. Weyland**, commands the XIX Tactical Air Command of the 9th US Air Force, the air component playing a decisive role in the advance of the 3rd US Army, command Commanders of the US Air-Ground team that relieved Bastogne discuss plans; Brig, Gen Otto P, Weyland, commands the XIX Tactical Air Command of the **9th US Air Force**, the air component playing a decisive role in the advance of the 3rd US Army, commanded by Lt. **Gen. George. S. Patton** (left) Belgium, January 1945."
(Courtesy: Photo by Photo12/UIG/Getty Images)

Wären diese beiden U.S. Generäle bereit gewesen, zusammen mit willigen deutschen Wehrmachtsverbänden aller drei Teilstreitkräfte gemeinsam, in einer „Joint Operation" gegen die Russen zu marschieren, um mit deutscher Hilfe, deutscher Erfahrung und deutscher Kampfkraft sowie den „Wunderwaffen", das große Riesenreich UdSSR zu besiegen und in westliche, U.S. amerikanische Machtstrukturen zu integrieren?

UFO-Absturz in Mexico
1950

Auszüge aus einem U.S. Zeitungsbericht aus dem Jahre 1950 über eine „UFO-Sichtung":

The Washington Herald-3-10-1950
—Los Angeles, March 9 (AP)

"An expert on chemicals and explosives told reporters yesterday he
had seen the **wreckage of an ultra streamlined flying saucer** on a
Mexico City mountainside, and that top U.S. officials have viewed it.
...

. . . Part of the information he said, was that **a man 23 inched tall,
the pilot of the plane**, died in the crash and that his body had been
embalmed for scientific study.

It was an **exquisite piece of machinery**, Dimmick told the first
interviewers. He then described it in detail, saying it was **48 feet
in diameter**, built of a **metal resembling aluminum**, but much harder,
and was powered by two motors.

. . .

-Ends-

Anmerkung:

Der Pilot war nur 60 cm „groß", die „Untertasse" soll einen Durchmesser von rund 14 Metern
gehabt haben.

Immer wieder wurde und wird beobachtet, das bestimmte Fahrzeuge, Schiffe, U-Boote und
Fluggeräte anscheinend mit Kleinwüchsigen, „Liliputanern" bemannt sind.

Gibt es eine „geheime Armee" von Kleinwüchsigen, die irgendwo auf versteckten
Militärbasen, ggfs. in U-Anlagen stationiert sind und für bestimmte Sonderaufträge in ihren
Gefährten irgendwo in der Welt, und außerhalb, auftauchen, um ihre Mission zu erfüllen?

3-Mann Cockpit
für Nachtjäger?

Ein betagter, älterer Bausatz im Sammlermaßstab 1/72 von der U.S. Firma „Lindberg" betreffend einer Heinkel He 219 stellt eine Nachtjagdmaschine mit einem Drei-Mann-Cockpit dar.

Dafür liegen auch drei Pilotenfiguren zur Darstellung der Nachtjagdbesatzung bei.

Da der Flugzeugführerraum der He 219 eigentlich nur für zwei Mann ausgelegt war, wie sonst alle Heinkel 219 Varianten, die man als Plastikbausatz kaufen kann, sind die drei beiliegenden Piloten bei dem amerikanischen Lindberg Bausatz von der Größe her kleiner, als die sonst üblichen Nachbildungen eines Flugzeugführers, mit dem man die Lindberg-Modelle „bemannen" kann.

In einem herkömmlichen Cockpit einer He 219 als Nachjäger sitzt vorne ein Pilot und mit dem Rücken zum Flugzeugführer und dahinter ein Radarbeobachter an seinem Radarbildschirm und diverser Funkausrüstung, die an der rückwärtigen Cockpitwand angebracht sind.

Dafür, für eine Zwei-Mann Besatzung ist ausreichend Stauraum im Flugzeugführerstand vorhanden.

Bei demselben Cockpit, wie bei jeder He 219, aber für drei Mann, da wird es eng für die Piloten, sehr, sehr eng, bis überfüllt!

So heißt es bei „Wikipedia":

„Um den gegen schwere Bomber eingesetzten He-219-Varianten eine Verteidigungsmöglichkeit gegen die Mosquito-Fernnachtjäger zu verleihen, wurde später eine **dreisitzige Variante He 219C** mit zusätzlichem Heckschützen geplant, die aber nicht mehr in die Serienproduktion ging.
...
V30 (A-5/R4): Umrüstung mit Drei-Mann-Kanzel und hinterem Abwehr-MG. Erprobt bei NJGr 10. Wurde aufgrund Geschwindigkeitseinbuße von 25km/h ungünstig bewertet."

Bei Nowarra, „Die Luftrüstung . . ." heißt es zur He 219 A-5:

„Nachtjäger mit Lichtenstein SN 2**, 3 Mann Besatzung**.

Bewaffnung: . . . 1 MG 131 beweglich nach hinten feuernd, . . ."

Anmerkung:

Bei einer dreisitzigen Version säße ein Pilot mit ausgestreckten Füßen, um die Ruderpedale zu treten, ein Besatzungsmitglied dahinter, als Radarbeobachter, der in ein, nach vorne ragenden Radar-Bildschirm mit angezeigten Radar-Blipps schaut, ein Heckschütze, der

Funkmess und Radiogeräte, sowie gleichzeitig Heckschütze ist, der ein MG 131 bedient, dessen Kolben und Abzugshahn in das Cockpit ragt, dazu Ersatz-Magazine und ein schlechtes Schussfeld über den Rumpf und das Doppelleitwerk, alles zu eng für drei Mann.

Bei Heinz-J. Nowarra in dem Band 2 „Die deutsche Luftrüstung 1933-1945 heißt es auf den Seiten 235 ff unter anderem:

He 219 A-2

„Besatzung. „ ... in weit vorgezogenem und mit Vollsichthaube abgedeckte Druckkabine, sämtlich mit Schleudersitz ausgerüstet. Besatzung bestehend aus **dem Piloten**, dem **Funkmessmann** und dem **Bordfunker**."

Anmerkung:

Drei Schleudersitze nehmen zudem viel Platz in Anspruch, was Armlehnen und Fußrasten betrifft, dazu die Sprengkartuschen zum Hinausschleudern.

Bei dieser A-2 handelt es sich unter anderem um das 1/72 Lindberg Modell aus den USA mit, nach hinten abflachender Vollsichthaube, wo geradeso drei Piloten in Kindergröße hin passen, bzw. im Bausatz in Größe von Liliputaner beiliegen.

Über die C-Version der He 219 heißt es bei Nowarra und die „Die Luftrüstung . . .":

„Abwandlung der He 219 B mit verlängertem Rumpfbug . . .

C-1: Schwerer Jäger, Lichtenstein SN 2, **4 Mann Besatzung**.

Bemannter **Heckstand** mit 4 MG 131 . . .

Anmerkung:

Wobei der Heckstand sich ganz am Heck, also hinter dem Doppelleitwerk befindet mit samt einem Bordschützen, das vierte Besatzungsmitglied! Damit erhielt der Schütze am Heck ein freies Schussfeld nach hinten und unten, auch zur Abwehr des britischen „Wooden-Wonders", der berüchtigten D.H. „Mosquito"!

Bei den „Ball-Turrets" der amerikanischen Boeing B-17 Großbomber, der unterhalb des Rumpfes montiert waren, wurde immer der Kleinste aller Besatzungsmitglieder der B-17 hineingezwängt, der die vier MG bedienen musste und am wahrscheinlichsten durch Angriffe der Me 109 und FW-190 ums Leben kam.

Zumindest für drei normal gewachsene Luftwaffen-Piloten von circa 175 cm Größe und 85-90 kg Gewicht ist das Cockpit einer He 219, aber auch der Me 262 als Nachtjäger einfach zu kein und zu eng!

Bei Lindberg sind die Pilotenfiguren kleiner, damit drei Figuren in das Zweimann Cockpit passen!

Wo sind die Fotos von Cockpits der Heinkel He 219 „Uhu" für ein Drei-Mann Cockpit eigentlich?

Wer eines hat, bitte beim Autor melden!

Bei der Besatzung des „Uhu", bestehend aus Pilot, Funkmesssoldat und Bordfunker, alle in einer Druckkabine mit Vollsichthaube und auf drei Schleudersitzen, müsste zumindest der Funkmessmann in der Mitte recht kurze Beine und Arme gehabt haben, um überhaupt ins Cockpit zwischen die beiden anderen Besatzungsmitglieder zu passen!

Die Beine ausgestreckt, wie auch bei einem Me 262 Nachtjäger kann das Besatzungsmitglied in der Mitte nicht, da vor ihm der Pilot auf einem Heinkel-Schleudersitz hockt, der zwei Startschienen zum Katapultieren besitzt, plus eine Stange, gefüllt mit Sprengstoff für den Schleuderstart.

Einzig, wenn der Soldat in der Mitte seine Beine nach unten, durch eine entsprechende Öffnung stecken könnte, wäre ggfs. ein normal gewachsener Mann in der Lage, in der Mitte, eingeklemmt zwischen Pilot und Bordfunker, seinen Platz einzunehmen, um dort, wenn auch sehr eingeengt, was seine Armhaltung betrifft, seiner Arbeit nachgehen zu können.

Ob dies der Fall war, oder wer überhaupt Platz in der Mitte des 3-Mann Cockpit fand, ist nicht so leicht feststellbar, da keine Fotos zur Verfügung stehen, die das gesamte Drei-Mann Cockpit als eine Einheit zeigen, weder bei der Heinkel He 219, noch bei der dreisitzigen Messerschmitt Me 262.

Möglich wäre es, dass man Jungendliche, z.b. ab 16 Jahren als Funker und Bordmess-/Radarbeobachter ausgebildet hatte, und wenn die jungen Leute, so genannte „Stifte", „Pimpfe", nicht größer, als beispielsweise 1,50-1,60 m waren, hinter dem normal großen Piloten in den Flugzeugführerstand einer Luftwaffenmaschine, wie He 219 oder Me 262 B HG II eingesetzt hätte.

Bekannt sind nur Hitlerjungen im Krieg, die als letztes Aufgebot im Volkssturm gegen Kriegsende verheizt wurden, oder bei der kleinen und großen Flak als Luftwaffenhelfer.

Wurden auch HJ Jungs, von der Flieger-HJ als Besatzungsmitglieder auf Kampfflugzeugen im Luftkampf verheizt?

Hitlerjungen flogen Segelflugzeuge, auch zur Erprobung des „Liegekranich", für eine zukünftige „Prone Position", auf dem Bauch liegend.

Erprobungen bestimmt für, z.B. die Horten Nurflügler, die DFS 228 oder die DFS346.

Der Volksjäger Heinkel He 162 sollte auch von Hitler-Jungen geflogen werden, geübt wurde mit einer antriebslosen He 162 als Gleiter. Dort war aber das Cockpit für normal gewachsene Personen ausgelegt.

Auch bei der Messerschmitt Me 262 als dreisitziger Nachtjäger wird es für drei Mann im Cockpit, plus Radar- und Funkgeräte sehr „kuschelig"!

Es drängt sich der verrückte, ja ungeheuerliche Verdacht auf, dass man, zumindest in Deutschland während des Krieges, ggfs. ganz selektiv nach Flugzeugbesatzungen (gegebenenfalls auch Personal für andere Fahrzeuge oder Schiffe) nach Personen Ausschau gehalten haben könnte, die kleiner waren, als der durchschnittliche deutsche Luftwaffenpilot!

Gab es ein spezielles Auswahlverfahren, das nur bestimmte groß, bzw. klein gewachsene Piloten in ausgewählten Maschinen (mit-) fliegen konnten, wie o.g. Nachtjäger mit Dreimann Cockpit?

So, wie es damals bei den ersten, amerikanischen, aber auch sowjetischen, militärischen Weltraumfahrern, bis hin zu den späteren Apolloflügen in den 1960er Jahren, auch ein Auswahlverfahren gab, das nur Raumpiloten in „Jockeygröße" die einzelnen Raumkapseln bemannen konnten?

Bei dem UFO-Absturz in Mexico aus 1956 war das Besatzungsmitglied nur 32 inches, also rund 60 cm groß (klein).

Setzte man beispielsweise im Krieg bei bestimmten Sonder-Einsatzverbänden, speziellen, geheim operierenden Sonder-Flugzeugstaffeln hauptsächlich Radarbeobachter und Funker, so genannte Liliputaner ein, damit diese später andere, ebenfalls geheim gehaltene, halb- oder vollautomatisch fliegende Flugkörper kleiner Größe und Durchmessers bemannten konnten? Um während des Fluges bestimmte Bedienvorgänge auszuführen, die heute Computer und eine K.I. übernehmen können und damals noch manuell durchgeführt werden mussten?

Liliputaner

Auszüge aus einer Abhandlung, gefunden im Internet über Kleinwüchsige:

Besuch in der Kleinstadt

„In einem **Freizeitpark in Rheinland-Pfalz** wurden kleinwüchsige Menschen **bis in die Neunzigerjahre** (des Zwanzigsten Jahrhunderts, Anm.d.A) **ausgestellt** wie Märchenfiguren - in Deutschlands einziger „Liliputaner-Stadt". . .

. . .

Brigida Saar würde man mit ihren **1,20 Metern Körpergröße** heute als kleinwüchsig bezeichnen, sie könnte einen Zuschuss für Spezialmöbel beantragen und einen Schwerbehindertenausweis. Im Holiday Park, einer Art pfälzischem Disneyland in Hassloch bei Ludwigshafen, wurde sie Liliputanerin genannt. Sie war eine Sehenswürdigkeit, die mehr als zwanzig Jahre hinter den Glasscheiben eines Schauwohnwagens gelebt hat, angegafft wie ein Wesen aus dem Märchenbuch.

Daher kommt der Begriff Liliputaner ja auch: Er bezeichnet die Bewohner der Insel Liliput in Jonathan Swifts Gullivers Reisen aus dem Jahr 1726.

Der Wohnwagen stand in der sogenannten Liliputaner-Stadt des Freizeitparks, zwischen Wildwasserbahn und Streichelgehege. **Dort sah es aus wie eine Mischung aus Puppenstube und Modelleisenbahn:**

Die Häuser waren aus Sperrholz, es gab einen Souvenirladen und einen Bahnhof, **alles zugeschnitten auf die 15 Kleinwüchsigen**, die dort „heimisch waren", wie es im Prospekt hieß. Das Publikum konnte ihnen beim Essen, Schlafen und Arbeiten zuschauen.

. . .

Die Liliputaner-Stadt erinnert an Kuriositätenkabinette des 19. Jahrhunderts, in denen Menschen mit Behinderung als Launen der Natur vorgeführt wurden. Aber die Liliputaner-Stadt gab es bis Mitte der Neunzigerjahre. Sie war das Relikt einer Zeit, als Menschen ausgestellt wurden wie Ponys und Papageien. Und scheinbar hat es keinen gestört.

. . .

Der Holiday Park ist aus dem **Liliputaner-Circus** hervorgegangen, der seit Generationen im Besitz der Schaustellerfamilie Schneider war. Auf alten Postkarten sieht man 27 Kleinwüchsige, verkleidet als Cowboy, Prinzessin oder Koch. Brigida Saar war vier Jahre lang Teil dieser Truppe. Ab den Siebzigerjahren lief der Zirkus nicht mehr gut, der Zeitgeist hatte sich gewandelt, eine Show, in der Kleinwüchsige als Prinzessinnen verkleidet waren, war nicht mehr überall gern gesehen. Also haben Erna Schneider und ihre Kinder beschlossen, einen Freizeitpark in der Provinz zu eröffnen, um dort mit dem Zirkus sesshaft zu werden. Auf den ersten Plakaten von 1971 war ein Zwerg mit Zipfelmütze zu sehen.

. . .

Brigida Saar nennt den (Freizeit) Park „pfälzisches Sibirien", weil es sich angefühlt hat wie im Straflager . . .

Doch die Hauptaufgabe der Kleinwüchsigen war die Unterhaltung der Gäste: immer lächeln, jeden Unsinn mitmachen, im Wohnwagen sitzen und sich bestaunen lassen. Und bloß nichts tun, was dem im Park kultivierten Image der Liliputaner als munteres Völkchen widersprechen könnte.

Brigida Saar berichtet von **Talentsuchern**, die in **ganz Europa** unterwegs waren, um Menschen für die Arbeit im Park anzuwerben. Der größte Coup: drei türkische Geschwister, 76, 85 und 96 Zentimeter groß, die jahrelang als »kleinste Familie der Welt« vermarktet wurden. Sie kamen 1977 nach Hassloch, gegen harte D-Mark als Entertainment-Gastarbeiter.

. . .

1980 kam ein Deutscher in sein Dorf und hat gesagt: **„Wir brauchen Liliputaner. Früher wurden Kleinwüchsige von ihren Familien versteckt, aus Scham."**

Anfang der Neunzigerjahre gab es eine Protestaktion: Aktivisten hatten Transparente in den Park geschmuggelt und bei einer Show ausgerollt. Sie wollten auf die schlimmen Lebensbedingungen der Showstars aufmerksam machen, auf deren zu kleine Behausungen, den

Stress der Gefangenschaft. Ihre Aussage: Lebewesen sind keine Vergnügungsobjekte.

Der Protest galt dem Delfinarium. Die Liliputaner-Stadt nebenan hat keinen interessiert.

-Ends-

Weitere Hinweise, dass Liliputaner für Forschung und bestimmte Sonderaufgaben herangezogen wurden:

„Ein weiterer Kandidat, der gerne „Zusatzaufgaben" erledigte, war Dr. Josef Mengele, . . . Mengele war ein Wissenschaftler, der wie alle anderen leidenschaftlich und mit großem Eifer forschte. Seine große Leidenschaft waren vor allem Zwillinge, Zigeuner und **Kleinwüchsige** und des noch dazu alle Menschen, die sich durch irgendeine Anomalie von den anderen unterschieden. Bei Dr. Mengele war der Eifer so groß neue „Objekte" für seine Sammlung zu finden, dass er sogar dann an der Rampe selektierte, wenn er nicht dafür eingeteilt war

...

Neben den Zwillingen hatte Mengele noch ein zweites Steckenpferd, **die kleinwüchsigen Personen.** Bemerkenswert ist dabei die Geschichte der Familie Ovitz und Slomowitz, die im Mai 1944 in Birkenau an der Rampe ankamen . . .

. . .

Die Zwerge selbst mussten jede Menge Untersuchungen über sich ergehen lassen. Auch ihnen wurden Unmengen von Blut abgenommen, sie wurden geröntgt, fotografiert, gezeichnet und jeder einzelner Körperteil wurde vermessen. Wie auch schon bei den Zwillingen mussten sie diese Prozeduren mehrmals über sich ergehen lassen und es wurde von Mengele ein Familienstammbaum angelegt.

Informationen entnommen aus:

„Medizin im Nationalsozialismus – Die SS-Ärzte und ihre Tätigkeit in nationalsozialistischen Konzentrationslagern" verfasst von Janine Stöger, Diplomarbeit, Universität Wien.

Außerdem gibt es Informationen über Kleinwüchsige, die in militärische Spezial-Operationen verwickelt waren:

So war die Körpergröße gewisser Soldaten, z.B. bei Panzern auf 1,80 m beschränkt, sonst hätten sie nicht durch Lucken, Kriechgänge usw. gepasst.

Auch gewisse Flugzeuge, wie der „Alpha Jet" der Bundeswehr oder russische MiG Jäger waren nicht für all zu große Piloten geeignet. Genau dies gilt auch für die ersten Raumkapseln in der Weltraumfahrt.

So schreibt ein Forumsteilnehmer betreffend „Liliputaner" in einem Internet-Beitrag:

„ . . . . ich habe heute die Akte des Kreisarchivs Warendorf zu Gesicht bekommen - hier ist die Story, die der Schreiber der

Kriegschronik „für derart unsinnig" hielt, "das sie der Nachwelt überliefert werden muss.

...Also: In der Nacht zum **28. Juli 1940** seien **5 Liliputaner** aus einem **Flugzeug abgesprungen**, 3 dieser „Kerlchen" (so!) seien von der Polizei festgenommen worden. Sie seien **um die 1,10 m groß gewesen** und hätten auffallend dicke, wulstige Lippen gehabt. Sie seien mit überaus grell leuchtenden Taschenlampen ausgerüstet gewesen, mit denen sie Blinksignale an britische Flugzeuge geben sollten, wie einer von ihnen gestand, um die Bomber auf militärisch und wirtschaftliche Ziele hinzuweisen. Es seien eine ganze Menge dieser „Artgenossen" über Deutschland abgesprungen . . ."

-Ends-

Anmerkung:

Also gut möglich bis wahrscheinlich, dass man klein gewachsene Soldaten suchte und fand, die bestimmte Sonderaufgaben im militärischen Bereich wahrnehmen sollten.

Auch das Bemannen bestimmter Fahrzeuge, Flugzeuge, Schiffe, U-Boote und Weltraum gestützte Objekte, wie Raumstationen und Raumschiffe?

So ist es durchaus denkbar, dass es tatsächlich eine dreisitzige Heinkel He 219 gegeben haben könnte, wo der Radarbeobachter und Bordfunker kleiner waren, als die normal gewachsenen Luftwaffen Flugzeugführer.

Eine Ausbildung unter Kriegsbedingungen, um solche kleineren Soldaten dann später evtl. in besonderen, exotischen Fluggeräten, die z.B. autonom, ferngesteuert flogen, bestimmte Geräte in einem kleinen Cockpit bedienen zu lassen, die erst später, im Zeitalter der Computertechnik auch ohne menschliches Zutun automatisch funktionierten.

Kleinere Raumfahrer, die eine Raumgleiter, ob von Lippisch oder Eugen Sänger, ob kleinwüchsige Raumbesatzungen in einer umgebauten A-4 Raumstation, eine kleinen, aufblasbaren, Wagenrad-Raumstation bemannten, alles speziell ausgewähltes, militärisches Personal, das bis heute geheim gehalten wird.

Vorstellbar, dass es nicht nur eine „Liliputanerstadt", wie in Hassloch, Rheinland-Pfalz gab, sondern ganze Kompanien an Liliputaner-Soldaten, die für verschiedene Einsatzzwecke in geheimen Militäranlagen, gar unterirdisch hausten und Sonderaufgaben, sie Sabotage, Spionage, Raumflüge, Bauvorhaben im All und unter Tage usw. ausführen, von denen keiner was wissen darf und soll.

Wenn in den USA nach dem Krieg in den 1940/50er Jahren ein „UFO" abstürzte, das autonom, mit beispielsweise einer Lochstreifenprogrammierung einen speziellen Rundkurs flog, und man ein kleinwüchsiges Besatzungsmitglied aus den Trümmern geborgen hatte, war dies natürlich ein „Außerirdischer" und kein Liliputaner einer Sondereinheit des Militärs.

Beispiel, „Zwerge" im Flugzeugbau:

 Abb.:

Ein „Midget, ein „Zwerg", eine kleinwüchsige Person, die bei Ford Automobils in Willow Run, der großen Montagefabrik, die alle 60 Minuten eine Consolidated B-24 „Liberator" endmontieren, kriecht in den zentralen Flügelkasten des Bombers und ist bereit, eine der äußeren Tragflächensegmente zu befestigen.

Da kein normal gewachsener Monteur in das Tragflächenmittelteil hinein passte, musste ein klein gewachsener Arbeiter die Aufgabe übernehmen.

Welche klein gewachsenen Menschen mussten oder müssen bis heute Spezialaufgaben im militärischen Bereich übernehmen, da die Fahr-, Flug- und Raumfahrzeuge zu klein für einen Durchschnittsmenschen sind?

Es müssen Aufgaben sein, die es wert sind, dass man diese bis heute vor einer interessierten Öffentlichkeit geheim halten muss!

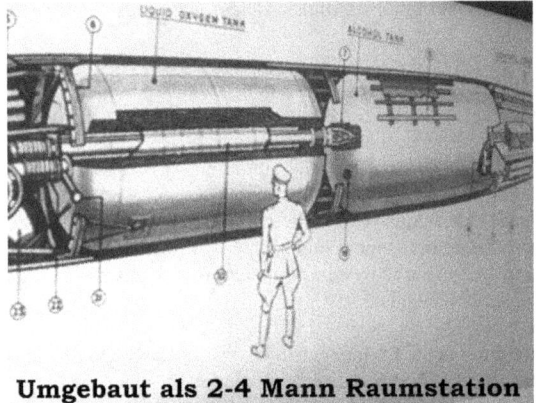

Umgebaut als 2-4 Mann Raumstation

Abb.:

A-4/V-2 Raketen, oder die größeren A-8 Raketen wurden so umgebaut, dass eine Raumbesatzung innerhalb des Raketenkörpers sich in einem Erdorbit aufhalten konnte, entweder um als Beobachtungs- oder Bombenplattform von Pol zu Pol die Erde zu umkreisen.

Wurde die A-4 Orbitalstation noch im Krieg realisiert? Oder erst nach dem Krieg unter Aufsicht der Alliierten?

Der deutsche, Peenemünder Ingenieur Krafft Arnold Ehricke schlug das Konzept der Raketen-Raumstation, nun bei Convair, USA, nochmals in den 1950er Jahren vor.

A-4 Treibstofftanks

Abb.:

Welche Personen, Raumfahrer mit einer Höchstgröße von wie viel Zentimetern konnten sich innerhalb der umgebauten Tanks, nun Besatzungsräume für eine A-4 Orbitalstation, aufhalten?

Luftverteidigungsringe

Es gibt im Internet einen Hinweis über eine „Gonio-Peilanlage" bei dem Ort Meseritz im Oder-Warthe Bogen.

Międzyrzecz, zu deutsch Meseritz ist ein Ort im Kreis Lebus im heutigen Polen.

Die Stadt liegt an der Obra, rund 80 Kilometer östlich der Stadt Frankfurt/Oder, etwa gleich weit entfernt von Küstrin, oder rund 50 Kilometer südöstlich von Landsberg an der Warthe.

In der Gegend befindet sich auch die „Grenzschutzbefestigungsanlage III", im Zusammenhang mit der Festungsfront Oder-Warthe-Bogen, „Regenwurmlager" genannt.

Der Ort Meseritz wurde von Sowjettruppen Ende Januar 1945 eingenommen.

Goniometer

Ein Goniometer (gonio, griech.) ist eine Vorrichtung zum Messen des Höhenwinkels, wenn Echosignale von einem Flugzeug zurückgeworfen werden. Man kann die Entfernung und die Flughöhe des Flugzeuges anhand des Höhenwinkels damit kalkulieren.

Für die Höhenbestimmung benötigt man zwei übereinander angeordnete Antennenanlagen, um eine Phasendifferenz der empfangenen Echosignale zu messen.

Man hätte also auch schreiben können, dass sich bei Meseritz ein Würzburg-Riese befand, der Teil eines Flugabwehrsystems bildet.

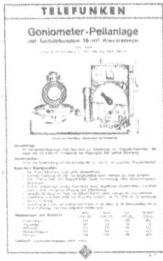

Aber in unserer Rätselwelt wird gerne das eine oder andere verfälscht, unrichtig wiedergegeben, verklausuliert, Ortsangaben nur grob angedeutet, Technik beispielsweise auf Einzelbegriffe reduziert usw.

Man muss schon denken und recherchieren, wenn man etwas herausfinden will. Die Wahrheit wird hier auf dieser Welt nicht auf dem Silbertablett serviert, sondern nur in Bruchstücken. Nachfragen bei gewissen Stellen oder Personen, zwecklos.

„Die Telefunken Goniometer Peilanlage dient besonders zur
Ausrüstung von Flughafen-Peilstellen.
Sie eignet sich vor allem zur
Fernpeilung von Flugzeugen
über größere Entfernungen."

Die Tirschtiegeler Radarstellung
bei Meseritz, Oder-Warthe-Bogen

„ . . . geheimnisvollen großen Geräten (Würzburg-Riese, Anm.d.A.)
rechts der Bentschener Chaussee mit ihren schwenkbaren,
schalenähnlichen Stahlgeflechten und vom Tirschtiegelriegel . . .

. . .

Dass im Frühjahr 1945 in unmittelbarer Nähe der Geräte gefallene
deutsche und russische Soldaten gefunden wurden, läßt doch darauf
schließen, **daß die Geräte im Januar 1945 umkämpft waren.**

Von Zeit zu Zeit finden sich immer wieder Interessenten, die nach
den Stellungen und nach der Bedeutung des Tirschtiegelriegels fragen
— **einer Verteidigungsanlage**, die unter Einziehung der Obra mit
ihren Seen, den Wäldern und leichten Hügeln schon vor langer Zeit,
als die Burg in Tirschtiegel noch stand, bedeutungsvoll war.

...

Im Sommer 1944 erschreckte oftmals der „heulende" Ton der
Luftschutzsirene die Bewohner von Tirschtiegel.

. . .

In dieser Zeit wurden etwa 1,5 km südlich der Tirschtiegeler
Neustadt, in Richtung Eschenwalde rechts der Straße nach Naßlettel
zwei Funkmeßgeräte in Stellung gebracht, die die Tirschtiegeler
Horchgeräte nannten.

Zu erreichen waren die großen, neuartigen über 10 m hohen Geräte, deren Radarschirme einen Durchmesser von 7,40 m hatten, über einen Feldweg von der Vogelwiese aus. Ihre Tarn- und Typenbezeichnung war uns unbekannt wie ihre Aufgabe.

Heute wissen wir, daß ihre **Tarnbezeichnung bei Tirschtiegel „Tirstein"** hieß und daß es sich um Funk- Meßgeräte, später Radargeräte genannt, **vom Typ FuSE 65 „Würzburg Riese"** handelte.

Sie wurden von der **Firma Telefunken** gebaut und waren damals die wichtigsten Radargeräte **einer Luftverteidigungslinie,** die sich im **Osten Deutschlands von der Ostsee bis zur südlichen Reichsgrenze erstreckte. 1.500 solcher Geräte soll es zur Luftverteidigung Deutschlands gegeben haben.**

Ihre Reichweite lag zwischen 70 bis 90 km. Die einzelnen Geräte wurden jeweils von 6 Soldaten bedient — waren es Frauen, so nannte sie der Volksmund Blitzmädels.

Die neuen Radargeräte standen unter Geheimhaltung und wurden aufmerksam bewacht. **Die einzelnen Radarstellungen sollten feindliche Bomberverbände oder Jagdflugzeuge rechtzeitig orten** und der **Verteidigunsleitstelle melden. Von dort wurden die Abwehrmaßnahmen organisiert.** Die Marine verfügte über eine abgewandelte Form dieser Funkmeßtechnik.

Die Tirschtiegeler Radarstellung gehörte zur 1. schweren Flugmelde-Leit-Kompanie der 1. Abteilung des Luftnachrichtenregiments 231, das am 02.09.1944 in Frankfurt/Oder aufgestellt wurde.

. . .

Nach der Eroberung Tirschtiegels im Januar 1945 wurden höchstwahrscheinlich von Fachleuten der Roten Armee die elektronischen Meßapparate der Geräte demontiert.

...
Im Sommer 1944 kam es in Tirschtiegel zu Ereignissen, die wir ältere Schüler aufmerksam beobachteten und die uns den Ernst des Krieges langsam bewusst machten: Häufiger Fliegeralarm mit Unterrichtsausfall, der Beginn eines umfangreichen Stellungsbaues und zwischendurch immer öfter Nachrichten über gefallene Soldaten aus unserer Stadt, die bei den Erwachsenen große Betroffenheit auslösten.

Auf dem Neustädter Markt wurden Baracken für Großküchen aufgestellt und irgendwo nach Eschenwalde und in den Wäldern ringsum würden Stellungen gebaut. **In kurzer Zeit standen auf den Feldern südlich der Neustadt zwei riesige Horchgeräte,** die uns magisch anzogen. Ob die **etwas mit der neuen Wunderwaffe** zu tun haben, mit der wir die Feinde besiegen werden?

. . .

Niemand schien uns zur Kenntnis zu nehmen, bis plötzlich kurz vor den riesigen Geräten ein Wachposten vor uns stand mit den Worten: **„Hier ist militärisches Sperrgebiet.** Ihr habt hier nichts verloren, verschwindet!"

. . .

-Ends-

Auszüge entnommen aus dem Artikel „Geheimnisvolle Horchgeräte bei Tirschtiegel", Heimatkreis Meseritz e.V.

Anmerkung:

Zwei große „Würzburg-Riesen" der Firma Telefunken wurden bei Meseritz im Sommer 1944 errichtet.

Es wurden im damaligen Reich, ob im Osten oder Westen, mehrere neue Flugmelde-Stellen aufgebaut. Betreffend der Gebiete im Oder-Warthe-Bogen sind dies:

Abteilung Flugmelde-Regiment 231 in Frankfurt/Oder mit den einzelnen Kompanien:

Schwere Flugmelde-Leit Kompanie inTischtiegel, bei Schwerin, Stellung „Tirstein"

mittlere Flugmelde-Leit Kompanie in Grabig, bei Sorau, Stellung „Sonnberg"

leichte Flugmelde-Kompanie bei Posen

mittlere Flugmelde-Leit Kompanie in Wongrowitz-Entenflug, Posen, Stellung „Eichfels"

Die Frage ist, ob diese Flugmelde-Leitstellen nur die herkömmlichen Flak-Geschütze koordinierten, oder auch die, nun aufkommenden, neuen und effektiveren Flak-Raketen?

Denn, es gibt eine Information, ein Video im Internet, das wohl aus russischen Quellen stammt und von einer sowjetischen Einheit kurz nach dem Krieg im Bewegt-Bild aufgenommen wurde, wo man eine geheime, deutsche Untertage-Anlage, dessen Eingang wohl kurz vor Kriegsende gesprengt wurde, sieht, die von den Russen wieder geöffnet wurde.

Danach wurden Ausrüstungsgegenstände und Werkzeugmaschinen mit einer dampfbetriebenen Schmalspurbahn herausgeholt und wohl in die SU abtransportiert.

Einige Aufnahmen aus dem Video, zeigen hochrangige sowjetische Offiziere, die die eroberte Anlage bei Meseritz begutachten und besichtigen.

Was machte man in der Anlage gegen Kriegsende?

Zuvor sollen Teile für die Daimler Benz Kolbenmoten DB 605 und DB 601 in der Anlage produziert worden sein.

Oder war die Fertigung für Motorteile nur halbherzig, um dahinter geheimere Arbeiten zu verstecken, wie z.B. Flugabwehrraketen, wie dies auch bei Zittau untertage, neben den Zittwerken bei Görlitz in Sachsen, wo JFM TL-Triebwerke, das Jumo 004 in Serie fertigte, der Fall war.

Nach Abzug und Flucht der Firma Junkers aus Zittau vor der heranrückenden Roten Armee übernahm kurz vor Kriegsende die SS das Gelände und trieb den Ausbau von unterirdischen

Anlagen, die gleich neben den Zittwerken lagen, weiter voran, obwohl manbereits April 1945 schrieb und die Russen schon weite Teile von Ostdeutschland erobert hatten.

Es soll Hinweise geben, dass man unterirdisch die SS Flakraketen „Wasserfall" fertigen wollte (gar mit atomaren Sprengköpfen?) und die Russen die Anlagen nach dem Krieg zuerst weiter betrieben.

Danach wurde das Gelände mit viel Erdreich komplett zugeschüttet, sodass man bis heute Bäume erkennen kann, deren Stamm und Wurzeln tief im Erdreich stecken.

Übernahmen die Russen auch bei Meseritz nicht nur die Würzburg-Riesen, sondern ggfs, auch eine unterirdische Flak-Raketenfertigung, wo zuvor DB und Maybach produzierten?

Waren deshalb Geheimdienst-Offiziere in Meseritz? Nicht, um sich ein paar Motorteile und deren Werkzeugmaschinen anzuschauen, sondern hochmoderne Flak-Raketen mit Atomsprengköpfen, die sowjetische viermotorige Großbomber mit eingehängten Atombomben, „Dead Man" abschießen sollten?

Nutze z.b. die SS und General Kammler die Infrastruktur des „Regenwurmlagers", was Eisenbahnanbindung, Materiallieferungen an Daimler Benz und Maybach (wie bei Zittau, wo Material an JFM ging), die bereits vorhandenen, unterirdischen Hallen und vieles mehr, um bei Meseritz und Umgebung einen weiteren Flak-Raketen-Verteidigungsring aufzubauen.

Damit man eindringende sowjetische A-Bomber in einem weiteren Krieg erfolgreich bereits an der Reichsgrenze und weit davor abwehren konnte?

Siehe Beschreibung der sowjetischen Viermot-Bomber in „Die Nachträge", Teil I.

Wer Informationen zu Meseritz und der dortigen Motorenfabrik besitzt, kann sich gerne beim Autor melden.

Vertraulichkeit wird zugesagt!

Insert

Folgende Information hat der Autor zum Thema Meseritz erhalten, in Auszügen:

„Der Lüftungsschacht befindet sich in der Nähe des Dorfes Boryszyn,, **Burschen**, er führt in den Untergrund des südlichen Teils des unterirdischen Befestigungssystems, den „Ostwall" . . .

In der Nähe des polnischen Dorfes "Boryszyn" beginnt das größte unterirdische Bunkersystem des Ostwalls mit der so genannten **"Burschener Schleife"**.

Die Burschner Schleife sollte zwei Hauptzwecken dienen:

als Kampfeinheit und als Logistikzentrum.
. . .
Die Burschener Schleife als Logistikzentrum

Viele der unterirdischen Stollen sollten zum Lagern von
Munitionsbestandteilen und als **Werkstatt zur Herstellung von
scharfer Munition** dienen.

. . .

. . . es gab dort im Rahmen der Untertage-Verlagerung der deutschen
Rüstungsindustrie eine Fertigung von Teilen für **Flugzeugmotoren der
Daimler-Benz AG**. 1944 wurde ein Teil der Fertigung der Fabrik in
Genshagen unter dem Tarnnamen „Schachtelhalm" dorthin verlagert.

. . . wurden dort keine kompletten Motoren gebaut, sondern nur Teile
produziert. Und zwar für die Motoren DB-601 und DB-605."

Wurde dort nur Munition und DB-Flugmotoren hergestellt? Auch die Firma Maybach stellte
dort Motoren für Panzer und Zugfahrzeuge her.

Wurde neben der „offiziellen" Erklärung der Munitions- und Motorenproduktion auch noch
„Flugzeuge" produziert, oder eben z.B. Raketen?

…

Kolbenmotoren von Daimler Benz und Maybach werden für die Russen nicht so interessant
gewesen sein, da die Sowjetunion selbst gute Flug- und Panzermotoren in ihrem Arsenal
hatten. Gegebenfalls waren die Werkzeugmaschinen für die Herstellung der Motorenteile für
die Russen interessant. Aber warum waren hohe Offiziere dort, nur wegen der DB und
Maybach Motoren? Was an den Motoren ist es Wert, diese mehr als hundert Jahre geheim zu
halten.

Auch die SU stellte im Flugzeugbau auf Strahltriebwerke für die nächste Generation von
Jägern und Bombern um und suchte die Technik dafür. Daimler Benz baute keine
Strahltriebwerke.

Haben wir hier möglicherweise ein ähnliches Schema der Geheimhaltung und Vertuschung,
wie bei Zittau?

Hinter einer „harmlosen" Fertigung von Triebwerken werden geheimere Unternehmungen der
SS versteckt.

In Zittau bei JFM wurden „nur" Jumo 004 TL-Triebwerke bei den Zittwerken hergestellt. Die
U-Anlage neben dem Junkers-Werk, von der SS betrieben, ist bis heute geheim.

Könnte eine ähnliche Verschleierung in Meseritz/Burschen stattgefunden haben?

Eine DB-Motorenherstellung, sowie ein „Logistikzentrum für Munition", hinter dessen
Verteileranlage (gut für Anlieferung von geheimen Teilen anderer Fertigungsstätten, wie in
Zittau, wo Lieferungen an Junkers gingen, statt an die SS und deren geheim gehaltenen
Produktion), eine geheime Fertigung von „Wunderwaffen", sprich High Tech, wie
beispielsweise Flugabwehraketen versteckt wurde?

Das übliche Spiel mit Tarnadressen und Tarnfirmen, das gerne bis heute vom Militär und
Geheimdienst gespielt wird!

Weitere Nachfragen über andere, geheime Baumaßnahmen oder Produktionen in der Umgebung von Meseritz blieben unbeantwortet.

Insert

Das in Zittau, neben dem Triebwerkhersteller Junkers, wo das TL-Triebwerk Junkers Jumo 004 in Serie gefertigt wurde, auch eine Fertigung von Wasserfall-Flak-Raketen stattfand, zeigt folgendes Dokument:

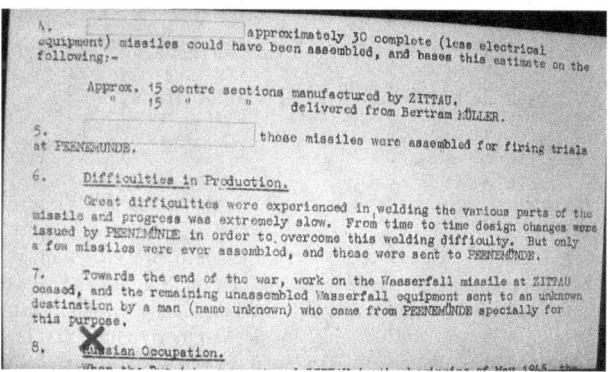

Courtesy: ZDF-History, 2023

Abb.:

So heißt es in diesem U.S. Dokument unter anderem:

„Ungefähr 15 Mittelteile (Wasserfall) wurden bei Zittau gefertigt.

So heißt es in dem ZDF Bericht, dass auch in Zittau alte Bergwerke vorhanden waren und die Nazis dort am Werk waren:

„Was verbirgt sich unter dem Boden der ehemaligen Zittwerken?
...

Gibt es untertage große, geheime Anlagen, verborgen seit Kriegsende und haben gar die Sowjets die Stollen der Nazis weiter verwendet?"

Quelle:

ZDF: „Geheime Unterwelten der SS – Das Rätsel der Zittwerke".

Sonntag., 23. April 2023, 23:45 Uhr

Deutsche Kriegsgefangene mussten nach Kriegende für die Russen in diesen Untertage-Anlagen Zwangsarbeit verrichten, bis Ende der 1940er Jahre.

Wurde die Anlage bei den Zittwerken von den Russen nachgenutzt, gar nach deutschen, nach Kammlers Plänen fertig ausgebaut?

Als Produktionsstandort für Wasserfall-Flugabwehrraketen und ggfs. als Abschussrampe gegen feindliche Angreifer, diesmal aus dem Westen?

So heißt es weiter in dem ZDF-Historie Bericht:

„Alle Indizien sprechen dafür, dass es in Zittau, im bereich der Zittwerke, neben der Flugzeugproduktion ein noch ein relativ großer Bereich der Entwicklung und des Baus von Flugabwehrraketen, und hier insbesondere der Flugabwehrrakete Wasserfall gegeben haben muss!"

Dr. Matthias Uhl, Historiker, ZDF Terra X Historie, 2023

Anmerkung:

War Zittau die einzige Untertage-Produktionsstätte für Wasserfall-Flugabwehrraketen?

Oder gab es noch andere Standorte (neben Norwegen, wo man eine Flak-Stellung bei der Atombomben/Schweres Wasser-Produktion in Vemork, Telemark, A-Bomber He 277 stationiert haben könnte) nach demselben Muster, wie in Zittau, also Produktion und ggfs. gleich Abschuss und Verteidigung der Ostgrenze mit Flak-Raketen, und evtl. nuklearen Sprengköpfen, um einen „Dead Man" in einem sowjetischen Atombomber noch in Flug und Angriffshöhe der eindringenden Sowjetbomber zu vernichten?

Oder wurden mehrere Flak-Stellungen entlang der Ostgrenze zur Sowjetunion errichtet, um auf ganzer Länge den Einflug feindlicher Atombomber aus der SU wirkungsvoll bekämpfen zu können.

War eben ein anderer Standort, neben Zittau in der Umgebung von Meseritz, Ostwall, wo man interessanterweise gleich zwei Radargeräte aufgestellt hatte?

Gab es noch mehr solcher Untertage-Stellungen, über die bis heute, Stand 2023, noch nicht berichtet wurde, weil geheim, oder nach Kriegsende von den Sowjets oder der DDR-Volksarmee weitergenutzt?

U-Verlagerung
Bauvorhaben B-3a „Anhydrit/Hydra"
Schmetterling Flak-Rakete

Im Frühjahr 1944 begann man mit dem Bau einer neuen U-Anlage für Geheimwaffenproduktion, die u.a. 24 Eingangsstollen aufweisen sollte.

Bei der Anhöhe „Himmelsberg" in Thüringen wurde diese große U-Anlage in den Berg aufgefahren, wobei man außerdem auf bereits vorhandenen Altbergbau zurückgreifen konnte.

Bis Mai 1945 wurden 100.000 qm Stollen und Hallen aufgefahren, wovon circa 50.000 qm schon für eine Produktion genutzt werden konnte.

Dazu heißt es sinngemäß:

„. . . Geplante Untertageverlagerung im Himmelsberg bei Woffleben zur Erweiterung der V-Waffen-Produktionsstätte „Mittelwerk" von Mittelbau-Dora; mit 100.000 qm konzipiert . . .

. . . jedoch erhielt im Februar 1945 die **Henschel Flugzeugwerk AG**, Flugzeugwerke Schönefeld AG & Oder AG (Siemens & Henschel) die Stollen für den Bau der **Hs-Raketen 117**, „Schmetterling" und „Taifun".

Anfang März 1945 sollen die Henschelwerke 5.500 qm in Nutzung gehabt haben, um dort mit einem Stab von **1.100 Personen die Flugabwehrrakete Hs 117 („Schmetterling") in Serie zu fertigen.**

Unter der Leitung von Professor Herbert Wagner, der an den Entwicklungen aller Henschel Raketentypen beteiligt war, sollten im Himmelsberg eine Entwicklungsstation und eine Fertigungsstätte für Raketen entstehen.

. . .

Alle Einbauten, der Maschinenpark und die Raketenteile wurden gleich nach Ende des Zweiten Weltkriegs von den Alliierten aus dem Stollensystem entfernt. Den Rest entfernten die sowjetischen Truppen kurz vor den Sprengungen; das Stollensystem sollte niemand mehr zu Rüstungszwecken nutzen können.

-Ends-

Quelle: Internet: komoot.de/highlight/1170177

Anmerkung:

Siehe auch die Russen, die bei Meseritz alle Werkzeugmaschinen, den „Maschinenpark" erbeuteten und fortschafften.

Außer der Flak-Raketenfertigung sind zudem zwei Anlagen interessant, die außerhalb des Himmelsberges in einiger Entfernung, links und rechts synchron errichtet wurden.

Ein, von den Alliierten angefertigtes Luftbild zeigt den unfertigen Ausbau der Anlagen.

Wo, bei Fertigstellung der Anlage, insgesamt acht große Betonplatten, die auf circa je 30 dünnen Betonstangen/-säulen über dem Boden ragten, zu erkennen gewesen wären.

Für was, welchen Zweck wurden diese großen Beton-Bauten errichtet?

Für eine große, längliche Halle mit verstärkter Decke zum Lagern von Material, Tanks, Ausrüstung ect.?

Oder sind die Betonplatten, die insgesamt eine gewaltige, durchgehende Plattform ergeben hätten, eine Art Abschusstisch?

Also insgesamt zwei Abschuss-Plattformen im Tal um den Ort Woffleben für bestimmte Flugabwehrraketen?

In B-3a wurden von der Firma Henschel in einer Untertage-Produktion Flak-Raketen gefertigt.

Sollte für eine Luftverteidigung des Raumes um das Bauvorhaben 3, Flak-Raketen aus der laufenden Produktion abgezweigt werden?

Oder sollte Henschel ausschließlich für den Luftschutz der Mittelwerke produzieren? Und später die Produktion ausweiten, um Schmetterling und Taifun auch an andere Standorte liefern zu können?

So, wie bei Meseritz (oder bei Zittau) ausschließlich Flak-Raketen für die Luftverteidigung gewisser Planquadrate, wie im Oder-Warthe Bogen produziert worden sein könnten, die dann von einer nahe gelegenen U-Anlage mit Abschussrampe in Massen gegen Feindflieger abgefeuert werden konnten.

Also der systematische Aufbau von Luftschutz für sensible unterirdische Bauvorhaben mit modernen Flak-Raketen für den nächsten Krieg im Osten, gegen die Sowjetunion. Im Rahmen von „Operation Unthinkable"?

Beinhalteten die zwei identischen Anlagen bei B-3, die Betonplattformen je einen unterirdischen Gleisanschluss einer Schmalspurbahn, die die Raketen vom U-Werk direkt anlieferten? Dazu unterhalb der Betonplatten die Versorgungseinrichtungen zum Betrieb der, in der Landschaft getarnten Flak-Stellung. Also Magazin für Raketen, Treibstofftanks, Aufzug, Unterkünfte für Bedienmannschaften, Radar, Fernlenkung ect.?

Sollte die, auf Stelzen stehende Plattformen nach Fertigstellung von allen vier Seiten mit Erdreich zugeschüttet werden, um als Tarnung einen Erdhügel vorzugaukeln, der mitten in der Landschaft steht? Statt also eines Gewölbebunkers, wie bei Kaufering, oder innerhalb des Riesekomplexes, wo Bunker mit Erde und Bäumen getarnt wurden, hier eine abgewandelte Bauweise mit einer Betonplatte auf Stelzen, die auch mit Erde und Bäumen unkenntlich gemacht wurde?

Aber in Wirklichkeit eine Flugabwehrstellung darstellte, bestückt u.a. mit Henschel Flak-Raketen „Schmetterling" und „Taifun" aus der, in der Nachbarschaft liegenden Untertage-Serienfertigung?

Nahe Woffleben, Große Betonplattform? Abb.:

Beachte drei fertig gegossene Betonplatten und fünf rechteckige Felder mit je fünf Stelzen a sechs Reihen, wo noch oben die Betonplatten ausgefertigt werden müssen.

Ist dies eine riesige Halle oder eine große, zusammenhängende Betonplattform, auf der man zum Beispiel Flak-Raketen positionieren kann?

Die Hs 117 Flak-Rakete hatte eine Länge von ca. 4,30 m und wog um die 400 bis 450 kg. Der Aufbau ähnelte einem Flugzeug.

Interessant ist, dass der Bug der Rakete asymmetrisch aufgebaut war:

In der einen Raketenspitze befanden sich 25 kg (Atom-) Sprengstoff und in der kürzeren Vorspitze war ein Propeller, der für die Stromversorgung der Rakete einen Stromgenerator antrieb, angebaut.

Ein Flüssigkeitsmotor trieb die „Schmetterling" an.

Gestartet wurde von einer Lafette - die man zu mehreren auf der Betonplatte hätte montieren können - mit Hilfe von Feststoffraketen zur ersten Beschleunigung.

Wie bei dem Einsatz über Schweinfurt-Brönnhof, wurde die Hs 117 per Funk manuell ins Ziel gelenkt.

Die Steuerung per Radar war angedacht.

Siehe hier der Computerspezialist Konrad Zuse, der mit seinen „Rechnenden Räumen" in den Harz umzog, um Flak-Raketen, wie die „Wasserfall" per Radar und Computer auf Feindbomber zu lenken.

Auch im Harz werden Wasserfall Flak-Raketen in Massen produziert worden sein, um sie zu zweit oder dritt auf einen Feindbomber zu lenken, in gar mit nuklearen Sprengköpfen zu vernichten.

Auch für die Wasserfall Flugabwehr Raketen muss es im Raum Dora-Mittelbau Abschussrampen gegeben haben, ggfs. schon im Bau, die genauso, wie in Zittau, Meseritz, oder bei Woffleben, unterirdisch von einer, sich in der Nähe befindlichen Produktionsstätte, beliefert, bestückt wurden.

Auch von der Hs 117 gab es die Projektierung für eine Luft-Luft-Variante, wie bei der Hs 292.

Man kann also erkennen, dass von der SS und General Kammler große Anstrengungen unternommen wurden, um Untertage-Bauvorhaben und spätere, riesige Untergrundanlagen gegen Angriffe aus der Luft mit modernsten Luft-Abwehrmaßnahmen, wie Flak-Raketen zu schützen.

Dies wurde bestimmt nicht für den Endsieg gemacht, sondern für den nächsten, schon lange in Planung befindlichen Dritten Atomaren Weltkrieg, der ab Sommer 1945 beginnen sollte.

Fun Fly Stick

Aus einer deutschen Werbung über den „Fun-Fly-Stick":

„Der Fun Fly-Stick wird durch Einschalten **statisch geladen** und eines der Flugobjekte auf den summenden Zauberstab fallengelassen. Dann lässt man die Kunststoffform **in der Luft schweben**. Mit dem Stab können Richtung und Höhe kontrolliert werden.

Mit dem Fun Fly-Stick können Sie auch Seifenblasen dirigieren.
...
Ein schönes physikalisches Experimentierset, **dass in den USA an vielen Schulen eingesetzt wird und schon einige Auszeichnungen erhalten hat**."

Auszüge aus einer englischen Werbung:

Fun Fly Stick: Electrostatic Exploration

"The Fun Fly Stick is a toy that appears **to magically levitate and repel objects** after the teacher presses the button on the handle. What makes the Fun Fly Stick operate is a **scientific principle of static electricity that Robert Van de Graaff utilized some 75 years ago.**

What Van de Graaff originally developed, was a device which **produced very high voltages** that were needed **to accelerate particles** to energies high enough to create new elements. This was also valuable in finding widespread uses in medicine and **high-energy physics research.**
...

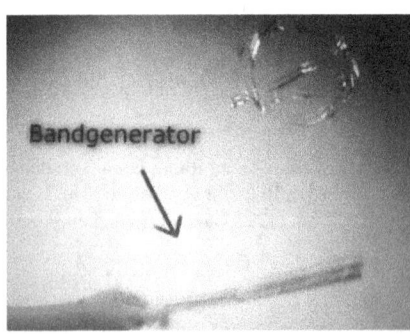

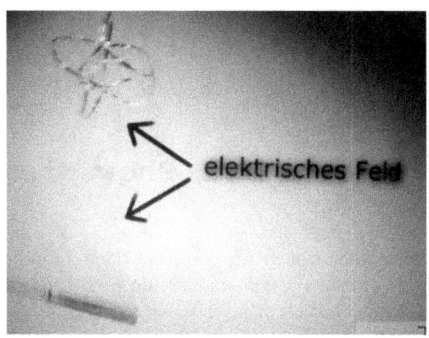

In den USA wurde das prämierte Spielzeug im Physikunterricht verwendet, um zu demonstrieren, wie man elektrostatisch bestimmte metallische Objekte aufladen kann.

Gleichzeitig wird von bestimmten angelsächsischen TV-Produzenten das Märchen, die Propaganda in der ganzen Welt verbreitet, dass man bei speziellen Fluggeräten, die man als „UFOs" betitelt, nicht weiß, wie sie funktionieren und warum die Flugobjekte so fantastische Flugleistungen erbringen können. Sie können deshalb nur außerirdischen Ursprungs sein, da man auf der Erde solche Wissenschaft nicht kennt.

Dabei müsste solch ein Autor, der der Propaganda und Lüge verpflichtet ist, nur bei seinen Kindern in der Schule vorbei schauen, um zu erkennen und zu versehen, wie die Fluggeräte am Himmel, die man ja angeblich nicht kennen will, funktionieren.

Das derjenige, der die Propaganda verbreitet, natürlich auch weiß. Er will ja nur seine Mitmenschen für dumm verkaufen.

Aber die Person, die für die Propaganda arbeitet, hofft auf die grenzenlose Dummheit seiner Mitmenschen und befeuert auch noch deren Ahnungslosigkeit, um bestimmte militärische Machenschaften weiterhin geheim halten zu können.

Und das wird seit Jahrzehnten, ja mindestens 100 Jahre lang so praktiziert!

Eine tolle Leistung der Manipulation und Desinformation.

Und hier die praktische Anwendung elektrostatischer Energie für Fluggeräte:

Air Show Miami 2022

Am 22. Mai 2022 filmte ein Besucher einer großen Air Show in Miami, Florida am Strand ein „UFO", das aus dem Wasser, nahe an einem langsam, im Tiefflug vorbei ziehenden Jet der „Blue Angels" Navy Kunstflugstaffel, in die Luft schoss:

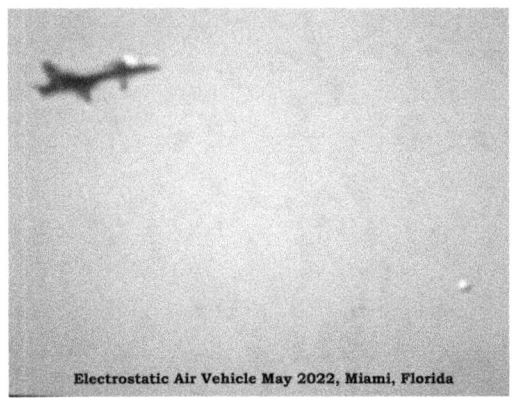

Electrostatic Air Vehicle May 2022, Miami, Florida

Abb.:
Nahe an einer vorbei fliegenden F/A-18 der „Blue Angles" saust eine kleine Scheibe aus dem Wasser in die Luft.

Wurde der scheibenförmige Flugkörper durch etwas ausgelöst, dass die ankommende F-18 aufspürte?

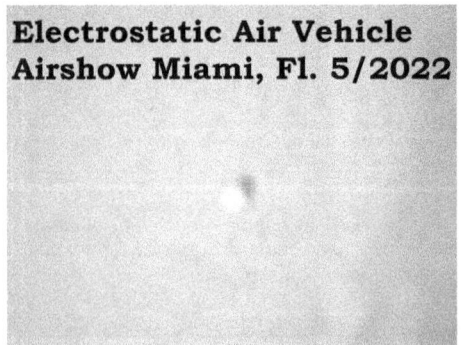

Electrostatic Air Vehicle Airshow Miami, Fl. 5/2022

Bleibt die Frage, ob das unbekannte Flugobjekt zufällig gerade dann aus dem Wasser schoss, als ein Navy Jet vorbei zog, oder ob es Absicht war?

Erinnert sei hier an die Versuche in Adak, Alaska, USA, wo im Jahre 1945 mehrere solcher oder ähnlicher Scheiben aus dem Wasser in den Himmel schossen. Dies könnte ein Vorversuch dessen gewesen sein, was Admiral Byrd 1947 in der Antarktis erfahren musste, als er und seine Truppe von unbekannten

Fluggeräten, die unter Wasser stationiert waren, angegriffen wurde (siehe hier das Buch „Die Nachträge" von K-P Rothkugel mit einer ausführlichen Schilderung).

Warum wurde also während einer Flugshow in Miami mit ungefähr einer Million Zuschauer, gerade ein, bis heute geheim gehaltenes Fluggerät aus dem Wasser in der Nähe eines tief fliegenden Navy Jets in die Luft katapultiert, sodass es jeder mitbekommen konnte?

Eine Fehlfunktion einer geheimen Abwehreinrichtung unter Wasser oder Absicht, damit das Flugobjekt von einem Zuschauer gesichtet und gar gefilmt werden konnte?

Electrostatic Space Plane?

Gefunden im Internet: „Silver UFO Caught On Video With Very Clear Zoom In":

Das in poliertem Silber, unbemalt gehaltene Fluggerät schwebt in einer bestimmten, nicht näher bekannten Flughöhe suspendiert in der örtlichen Raumladung. Dabei ist der Bug nach oben gerichtet und der Flugkörper driftet, sich um die eigene Achse drehend, leicht erratisch durch die elektrisch aufgeladene Erdatmosphäre, worin sich die Maschine entweder elektrostatisch anziehen, oder abstoßen lässt.

Ein elektrostatisch aufgeladenes „Space Shuttle"?

Beachte zwei Lufteinlässe, je ein Einlass, Air Intake links und rechts an der Außenseite des Flugkörpers.

Am Heck scheint sich der eingesaugte Luftstrom der zwei Lufteinlässe auf insgesamt sechs Auslassdüsen/Generatoren zu verteilen.

Zwei „Nozzels" je auf der Backbord- und Steuerbordseite und zwei in der Mitte des Hecks.

Gegebenenfalls wird in der Mitte am Bug ebenfalls noch Luft für die zwei „Center Nozzels", die Generatoren zum Aufladen des Fluggerätes für eine Suspendierung in der Erdatmosphäre, respektive der Raumladung eingesaugt.

Wahrscheinlich wird die eingesaugte Luft elektrostatisch aufgeladen und beschleunigt und die sechs Düsenausläße dienen zum einem zum Vortrieb des Flugkörpers, als auch zur permanenten Aufladung des Fluggerätes während des Fluges durch die Erdatmosphäre. Wo ggfs. in der Oberen Atmosphäre, in der Ionosphäre das „Space Plane" mehr als 28.000 km/h Fluchgeschwindigkeit erreicht, um die 1 g Erdschwere des Planeten zu verlassen, um in einen Erdorbit einzuschwenken.

Beachte, dass die Lufteinlässe, als auch die Auslässe statt Silber, weiß erscheinen. Ein hitzebeständiges, isolierendes Material, wie z.b. Carbon, Keramik usw.?

Der „Mantel", die gesamte Oberfläche auf der Ober- und Unterseite des unbekannten elektrostatisch angetriebenen Flugkörpers ist unbemalt und die Beplankung ist in Naturmetall, (ggfs. poliert) gehalten. Was ein weiteres Anzeichen darstellt, dass das langsam, im Video dahin gleitendes Fluggerät in der Erdatmosphäre elektrostatisch suspendiert ist.

Siehe hier zudem die Beschreibung des Autors KPR in einer seiner Bücher über das „Space Plane", den Raumgleiter-Prototyp von Dr. Alexander Lippisch. Die „Li P-13" mit Staustrahltriebwerk und Heißgas-Kolloid Antrieb zum Aufladen des Flugkörpers für einen elektrostatischen Flug durch die Atmosphäre bis hinauf in einen Erdorbit!

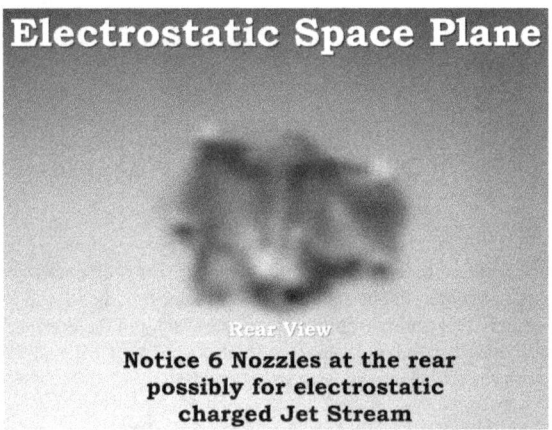

Electrostatic Space Plane

Rear View

Notice 6 Nozzles at the rear possibly for electrostatic charged Jet Stream

Abb.:

Ist dieses Fluggerät ein Erprobungsträger oder schon eine Einsatzmaschine, die von der Erde in den Erdorbit und darüber hinaus in den Weltraum eintaucht?

Abb.:

Beachte die Rundungen des gesamten Flugkörpers, um eine elektrostatische Funkenentladungen, die an spitzen Enden auftreten kann, zu vermeiden!

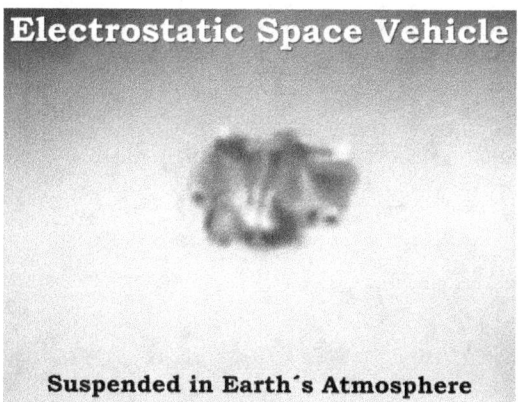

Abb.:

Die sechs hinteren Auslassdüsen könnten zum einem für den Antrieb, als auch zur Steuerung dienen.

Siehe je zwei Auslässe an Steuer- und Backbord und zwei Nozzles, die wahrscheinlich als Hauptantrieb dienen, im Zentrum des Flugkörpers.

Alle sechs Düsen können mit elektrostatisch aufgeladener Stauluft in der Atmosphäre betrieben sein. Im Weltall, in einem Erdorbit könnte ein elektrostatisch aufgeladenes Edelgas die Steuerung und Vortrieb in Verbindung mit einem Kolloid, also Staub- Metall und sonstige Partikel übernehmen.

Denn diese Kolloide werden genauso nach hinten beschleunigt, wie die Abgase, der Ruß von Raketentriebwerken, die im Weltall durch Impulserhaltung einen Vortrieb erzeugen.

Siehe hier die Beschreibung in einer der Bücher des Autors KPR über das Antriebsprinzip des Lippisch P-13 Space Plane, ein Prototyp eines zukünftigen elektrostatischen Raumgleiters:

Die vorne durch die zwei Einlässe des oben gezeigten E-Raumgleiters strömt Luft ein, die elektrostatisch aufgeladen wird und sich in die sechs Auslässe am Heck verzweigt.

Durch kurzzeitiges Verschließen eines der vier äußeren Luftausläße, Nozzles, kann durch Differenzdruck, ein unterschiedlich stark ausströmender und zuvor beschleunigter Luftstrom die Maschine entweder nach links, oder rechts zur Steuerung abkippen lassen.

Electric thruster for space propulsion.

"An electric thruster for spacecraft propulsion has an <u>ionisation chamber</u>, an **inlet** for supplying <u>gaseous propellant</u> into the chamber via a valve when thrust is required, a hollow cathode electron emitter and keeper and an anode for <u>ionising the propellant by electron collision</u>, an accelerating grid atone end of the chamber and an alternating voltage supply connected to the grid such that positive propellant ions and electrons are alternately **accelerated out of the chamber** to provide an **exhaust beam** which gives the **required thrust** and has a predetermined net electrical charge (typically zero)."

Aus:

EUROPEAN PATENT APPLICATION ® Application Number: **8430434**

Date of filing: **27.06.1984**

Lippisch P-12

Deutsche Hochtechnologie - Vertuscht!
von Klaus-Peter Rothkugel

Abb.:

Sollten auch die Raumgleiterprojekte, die Dr. Alexander Lippisch bereits im Krieg durchrechnet haben könnte, allesamt elektrostatisch mit Hilfe der Raumladung aufgeladen werden, die in der Ionosphäre am stärksten ist, um den Gleiter in einen erdnahen Orbit zu katapultieren, damit Fracht, Ausrüstung und Raumsoldaten zu bestimmten, militärischen Raumstationen befördert werden konnte?

Britisches
Lippisch Project

Das Gloster P-275 Projekt stammt aus dem Jahre 1948 und war ein Beitrag im Rahmen einer Ausschreibung, Specification F.43/46 für einen Interceptor/Abfangjäger mit einer 3 cm rückstoßfreien Kanone. Das Rolls Royce AJ 65 Axial-Triebwerk sollte für alle am Wettbewerb teilnehmenden Flugzeuge Anwendung finden.

Die, an der Spezifikation beteiligten Flugzeugfirmen aus England waren, Gloster mit drei Vorschlägen, dann je ein Entwurf von Hawker Aircraft und die Firma Supermarine, die die erfolgreiche „Spitfire" gebaut hatte.

Aus dieser Spezifikation von 1946 ist die Hawker P-1045 „Hunter" hervorgegangen, die bis nicht all zu langer Zeit noch im militärischen Einsatz stand.

Den außergewöhnlichste Beitrag im Wettbewerb lieferte die Gloster P-275, ein Abfangjäger auf Basis der Lippisch P-13 aus dem Krieg. Die britische Firma Gloster hatte Zugriff zu deutschen Flugzeugentwicklungen und man scheint sich in England bei Gloster großzügig bei den deutschen Entwürfen bedient zu haben.

Denkbar, dass man tatsächlich auch auf die Ideen von Alexander Lippisch zurückgegriffen hatte, einen schnellen Abfangjäger zu entwickeln, der feindliche Bomber in großen Höhen abfangen sollte.

Wofür die Li P-13 nicht unbedingt gedacht war, weil das Fluggerät, als Experimentalflugzeug, keine Bewaffnung vorzuweisen hatte.

Steuerung mit Druck-/Stauluft

Die Öffnungen links und rechts in den Deltatragflächen, sowohl bei Li P-13, als auch bei der Gloster P-275 sind dagegen Lufteinlässe für einen permanenten Luftstrom, generiert durch ein einströmenden Staudruck an der Nasenvorderkante, der zum Steuern des Fluggerätes, des Raumgleiters von Lippisch gedacht waren.

Auch bei dem englischen Gloster Projekt findet man die Staudruckröhren wieder, zwei oder gar vier Luftleitungen, die von der Nasenvorder-, bis zur Hinterkante der Deltatragflügel reichen und miteinander verbunden sind.

Außerdem sollte die Gloster für Flüge über 10.000 m mit rotierenden Flügelenden, Wingtips ausgestattet werden, die die Steuerung in einer dünnen Atmosphäre erleichtern sollten.

Also, die Tragflächenenden waren so verstellbar, dass man damit das Flugzeug steuern, die Lage des Flugzeuges durch Abkippen um die Längssachse verändern kann.

Neben den rotierenden Flügelenden sind keine weiteren Klappen und Ruder an den Deltaflügeln angebracht.

Lippisch ließ auch sein Versuchsflugzeug um die Längsachse abkippen, wie später bei dem englischen Gloster Nachkriegsprojekt.

Lippisch hatte, neben den Luftröhren in den Deltatragflächen, oder als Alternative, Zapfluft an den Flügelenden, noch Steuerklappen für die P-13 vorgesehen. Da, nach einem erfolgreichen Einsatz, das Flugzeug als antriebsloser Gleiter zurück zum Einsatzhorst fliegen, das heißt, gleiten, durch die Luft segeln sollte.

Dafür war ja die Lippisch DM-1 als Übungsgleiter vorgehen, damit Piloten für die P-13 und weitere Raumgleiter und elektrostatische Flugkörper, das Landen, die Landeeinteilung mit einem antriebslosen Lippisch-Flugzeug üben konnten.

Die Seitensteuerung der Gloster P-275 sollte durch Biegung, Verwindung der Flächen gewährleistet sein. Ob hier auch die beiden äußeren Flügelenden gemeint sind, oder aber, das Seitenruder wird durch Über - und Unterdruck gewölbt oder zusammengezogen, wie bei Lippisch das Seitenruder, ist unklar.

Möglich bis wahrscheinlich, dass die Vorgaben der Lippisch P-13, die als Vorbild für das Gloster Projekt diente, komplett übernommen wurden.

Ob man bei Gloster daran dachte, einen Höhen-Abfangjäger, einen schnell aufsteigenden Objektschutzjäger zusätzlich mit einer elektrostatischen Aufladung noch schneller auf Höhe der Feindbomber zu bringen, wäre denkbar.

Dass die Engländer mit dieser Gloster P-275 als elektrostatische Maschine in den Erdorbit vorstoßen wollten, ist eher unwahrscheinlich.

Also kein elektrostatisch aufgeladener Raumgleiter, wie bei Lippisch, sondern die statische Elektrizität der Gloster wird als zusätzliche Beschleunigung zum Aufstieg auf große Höhen über 10- bis 15.000 m für einen schnell aufsteigenden Abfangjäger/Interceptor genutzt.

Die Idee hinter einem elektrostatisch aufgeladnen Raumgleiter ist die, dass man keine Starthilfen, große Raketen oder Booster-Einheiten benötigt, um den Gleiter an der Spitze einer Rakete in einen Erdorbit zu hieven, wie dies bei dem U.S. amerikanischen Space Shuttle der Fall war.

In diesem speziellen Fall war bei Lippisch das „Kronach-Triebwerk", ein Staustrahltriebwerk, das mit Kohle-Kolloide als „Heißgas-Kolloid-Gemisch" den Gleiter elektrostatisch mit mehreren 10.000 Volt auflud.

Sodass der Gleiter in der Raumladung der Erdatmosphäre fliegen kann. In der Ionosphäre, die am stärksten elektrostatisch aufgeladen ist, kann die Li P-13 dann die benötigte Fluchtgeschwindigkeit, also den Geschwindigkeitsaufbau von 28.000 km/h plus erreichen, den jeder Raumkörper benötigt, um die 1 g Erdschwere zu überwinden und in den Erdorbit katapultiert zu werden.

Das macht jede Rakete, ob Juno/Nova, Saturn oder jetzt die „Space X" Raketen. Sie dienen nur dazu, eine Raumkapsel, ein Raumschiff von der Erde in einen Erdorbit zu befördern.

Dazu braucht man viel Treibstoff und riesige Raketen, die auch noch auf vielerlei Art und Weise anfällig sein können. Ob Ventile nicht funktionieren, Treibstoffleitungen brechen oder ganz einfach das Wetter für einen einwandfreien, sicheren Start nicht mitspielt.

Bei elektrostatischen Flugkörpern dagegen wird entweder der gesamte „Mantel", oder bestimmte Teile davon, also die metallene, mit bestimmten Blechen einer gewissen Ionendichte beplankte Außenhaut elektrisch aufgeladen, eine Ladungstrennung herbeigeführt.

Denn man benötigt keine normale elektrostatische Aufladung, sondern entweder eine positive, oder negative Ladungstrennung, um sich in der Raumladung der Erde entweder abzustoßen, oder anziehen zu lassen. Mit Sicherheit kann man heute, wie ggfs. auch schon vor vielen Jahrzehnten, eine Umpolung der Ladung vornehmen, um, je nach Raumladung und elektrischen Gegebenheiten, sich an- oder abstoßen zu lassen.

Der Nachteil ist, dass solche Flugkörper hochgradig elektrostatisch aufgeladen sind, und man als Außenstehender oder Passagier tunlichst vermeiden sollte, die Außenhaut zu berühren. Denn im schlimmsten Fall können die bis zu mehreren hunderttausend Volt einen Menschen töten. Im günstigsten Fall aber auch jemand heilen, oder im z.B. die Zähne wieder zurück bringen, oder jemanden verjüngen.

Dies hatte Georg van Tassel vorgehabt, als er in der Wüste von Kalifornien sein „Integratron", einen Bau ganz aus Holz, um Funkenentladungen zu vermeiden, errichten ließ. Das Gerät wurde aber nie fertig gestellt, da es auf dieser Welt, im offiziellen Teil nicht erwünscht ist, elektromagnetische Heilungs- und Verjüngungsmethoden für den Normalbürger zur Verfügung zu stellen.

Interessanterweise war es wohl in dem Zeitabschnitt, Ende der 1940 noch möglich, elektrostatische Antriebe für offizielle Militär-Projekte, wie bei der Gloster P-275 ganz offen vorzuschlagen.

Später, eigentlich bis heute, sind dagegen solche elektrischen Antriebe für militärische Zwecke, sowie für die Raumfahrt in der Öffentlichkeit tabu. Alles wird streng geheim gehalten und vorherige Entwicklungen diesbezüglich werden weiterhin vehement vertuscht, oder den „Außerirdischen" in die Schuhe geschoben.

Abb.:

Man beachte die Ähnlichkeit dieses Gloster Aircraft Projektes aus Groß Britannien der 1950 Jahre mit dem „Winged Space Plane" von Dr. Alexander Lippisch aus dem Krieg!

Auch hier weist der Flugkörper ein hoch aufragendes Seitenleitwerk mit integriertem Cockpit vor, und alle Kanten an dem Flugkörper wurden sauber abgerundet, damit bei einem elektrostatischen Flug keine Funkenentladung an spitzen Kanten entstehen kann.

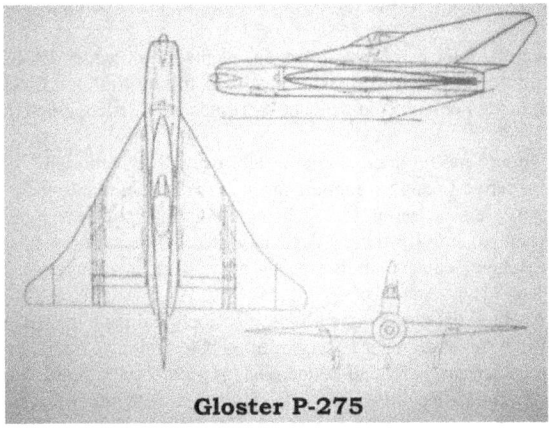

Gloster P-275

Abb.:

Man beachte dieselben Luftstromdüsen der Gloster P-275 zur Steuerung des Flugzeuges, wie bei der Li P-13! Die links und rechts im Tragflügel sich befindenden Lufteinlässe, die vorne Luft ansaugen und an der Hinerkante des Flügels wieder ausstoßen, sind miteinander verbunden, „kommunizierende Röhren". Sie bilden somit einen Unterdruck und dienen dem Abkippen des Deltaflügels nach links oder rechts zur Steuerung der Maschine in sehr großen, fast luftleeren Flughöhen.

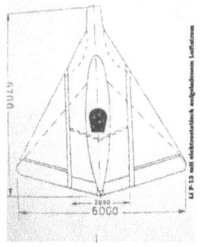

Abb.: Links und rechts je ein durchgehender Kanal für eine Luftströmung zur Steuerung des Flugkörpers.

Beide Röhren sind durch das Seitenruder miteinander verbunden und wohlmöglich werden durch Unter- und Überdruck in den kommunizierenden Röhren bestimmte Bleche im Seitenruder ein- oder nach außen gedrückt, was der Seitensteuerung dient.

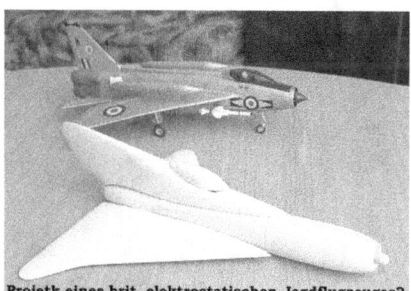

Projetk eines brit. elektrostatischen Jagdflugzeuges?

Abb.:

Sehr schön der Vergleich mit einer English Electric „Lightning II" und dem Gloster P-275 Projekt:

Man beachte die Größe der P-275 im Vergleich zur Lightning und zur Li P-13.

Der elektrostatische Flugkörper hat überall abgerundete Kanten, da ansonsten bei einer elektrostatischen Aufladung von mehreren 10.000 V, es zu ungewollte und störende Interferenzen mit der Raumladung der Atmosphäre, zu einer Funkenentladung kommen kann, was das Flugverhalten und die Suspendierung in dem natürlich oder künstlich angereichertem elektrischen Feld der Erde beeinträchtigt.

Ob man bei Einreichung des Projektes durch Firma Gloster bereits daran dachte, auch in England elektrostatische Flugkörper geheim zu halten und somit Gloster mit diesem Projekt keine Chance hatte, ist unklar.

Denn, es könnte genauso so gut auch ein Prototyp der P-275 gebaut worden sein und man versteckte dass, dann geheim gehaltene Projekt hinter der offiziellen Wettbewerbs-Ausschreibung.

Foo Fighters

Klaus-Peter Rothkugel

Electrostatic UAV

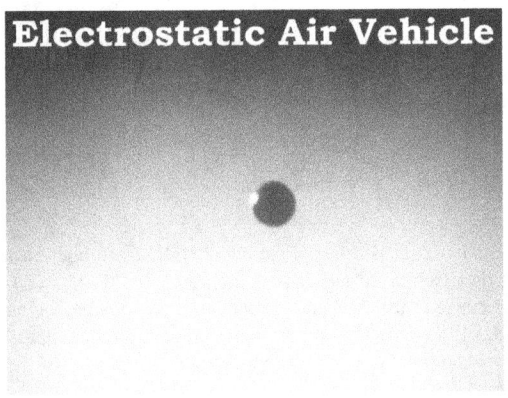

Electrostatic Air Vehicle

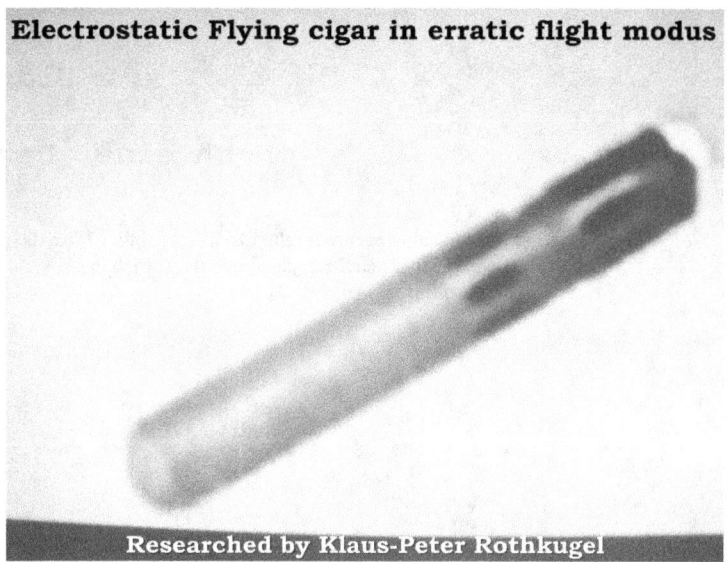

Electrostatic Flying cigar in erratic flight modus

Researched by Klaus-Peter Rothkugel

Gloster XP-1001

Noch eine „Deutsche MiG"?

Die britische Firma Gloster entwickelte für die Republik China, das heißt für das spätere Taiwan, im Jahre 1946 einen Strahljäger, der als Antrieb das bekannte Axialtriebwerk RR „Nene" erhalten sollte.

Es wurde nur ein Mock-up, ein flugunfähiges 1:1 Holzmodell hergestellt, da nicht genügend finanzielle Mittel für das Projekt vorhanden waren.

Das Flugzeugprojekt von Gloster ist bis heute ziemlich unbekannt, repräsentierte aber den ersten einsatzfähigen Strahljäger für China und wäre ein großer Fortschritt für Chinas Luftfahrtindustrie gewesen.

Ein komplettes Holzmodell und einige erste Teile für die CXP-1001 wurden bereits hergestellt, aber der Zusammenbruch der Nationalen Volksarmee im Jahre 1949 machte weitere Arbeiten zunichte. Taiwan kaufte, wie üblich, später U.S. amerikanische Flugzeuge für seine Luftwaffe.

Auch hier könnte der Entwurf von Gloster ggfs. auf das deutsche Holzmodell, das in Braunschweig während des Krieges entstand, basieren.

Denn dieses Modell scheint man Siegfried Günter in die Hand gedrückt zu haben, um es in der Sowjetunion weiterzuentwickeln, woraus letztendlich die MiG-15 entstand.

Auch Kurt Tank in Argentinien kannte wohl das Braunschweiger Modell und entwickelte daraus die „Pulqui-II" für die argentinische Luftwaffe.

Ramstein
und der
Ustica Zwischenfall

Am 27. Juni des Jahres 1980 stürzte eine Passagiermaschine, eine Douglas DC-9 der italienischen Chartergesellschaft „Itavia" gegen 21.00 Uhr nördlich der Mittelmeer Insel Ustica ins Tyrrhenische Meer. Alle 81 Passagiere kamen dabei ums Leben.

Am 28. August 1988, dem Geburtstag des Autors, der am Sonntag nach Ramstein zur dortigen Flugschau gefahren war, gab es einen Flugunfall, bei dem drei Aermacchi MB 339 der italienischen Kunstflugstaffel „Frecce Tricilori" zusammenstießen und in circa 50 m Höhe auf das Flugfeld und in die Zuschauermenge krachten. Dabei kamen 70 Menschen ums Leben und mehr als 450 wurden teils schwer verletzt.

Der Autor war zu diesem Zeitpunkt gerade zu seinem Auto aufgebrochen, wie viele andere auch, die den Stau, der nach Ende der Großveranstaltung zu erwarten war, zu entgehen.

Sodass er den Zusammenstoß der Maschinen erst durch mehrer dumpfe Schläge wahrnahm und sah, wie die restlichen italienischen Aermacchi der Frecce Tricolori ihre Flugmanöver abbrachen.

Zu diesem Zeitpunkt war dem Autor noch nicht klar, dass er bei einem Mord, einer spektakulären Beseitigung zweier Zeitzeugen unfreiwillig zum Augenzeugen wurde. Diese beiden verunfallten Piloten, die 1980 maßgeblich in den Ustica-Zwischenfall verwickelt waren, sollten am Montag, den 29. August 1988 in Italien eine wichtige Aussage machen. Was aber am Sonntag durch einen tödlichen Flugunfall vor aller Augen der vielen Flugschaubesucher im Ramstein erfolgreich vereitelt werden konnte.

Denn, im Jahre 1980, da trug sich ein Luftkampf mit mehreren Flugzeugen der NATO, wie U.S. „Phantom", italienischen F-104 Starfightern und französischen Mirage Jägern vor Italien zu.

Es gab und gibt viele Verschwörungstheorien und Ablenkungsgeschichten zu dem damaligen Ustica-Zwischenfall.

Zumeist absichtlich gestreute Falschmeldungen in den Medien, die sich teilweise bis heute halten.

Eine Theorie ist, dass aus Zeitgründen libysche MiGs unerlaubt über italienischen Luftraum geflogen sein sollen, wo sie auf den Radarschirmen der italienischen, französischen und amerikanischen Luftraumüberwachung auftauchten.

Um dem Radar zu entgehen, sollen die Libyschen MiGs in den Radarschatten einer vorbeikommenden, zivilen DC-9 geschlüpft sein.

Italienische Abfangjäger mit Lockheed F-104 versuchten die zwei Eindringlinge abzuschießen, wobei eine MiG getroffen wurde. Während die andere MiG entkam und stattdessen die Passagiermaschine vom Himmel geholt wurde.

Dazu wurde noch die Story mit Gaddafi und seiner Passagiermaschine erzählt, die genauso unsinnig zu sein scheint.

Diese zwei „Starfighter" Abfangpiloten der italienischen Luftwaffe waren später Crew Member des Frecce Tricolori Kunstflugteams und nahmen auch an der Flugshow in Ramstein im August 1988 teil.

Warum die zwei unliebsamen Piloten, die 1980 Zeugen, des bis heute geheim gehaltenen Luftkampf waren, ausgerechnet auf einer Flugschau in Deutschland liquidieren werden mussten, ist unklar. Wohl wegen der Plausible Denybility, einem schönen Narrativ für den dummen Pöbel und die weltweite Presse.

Denn, auf offizieller Seite der Bundesrepublik Deutschland wird man nicht beim großen Bruder in den USA protestiert haben, warum man deutsche Flugschau-Besucher für Spielchen und Geheimhaltungsmaßnahmen sinnlos geopfert hatte.

General Dynamics F-111 „Aardvark" (Erdferkel) Atombomber unterhalb der DC-9 im Radarschatten

Anstelle von zwei unerlaubt über Italien fliegenden, Libyschen Militärmaschine, oder Gaddafis Passagiermaschine, kam wohl ein ganz anderes Flugzeug in Frage, weshalb es vor Italien im Jahre 1980 zu außergewöhnlichen Verwicklungen gekommen war, an denen zumal noch die „Herren der Welt" ihre schmutzigen Finger tief mit im Spiel hatten.

Man wollte, wie vieles in dieser Welt, alles vor der Öffentlichkeit vertuschen. Was aber nicht gelang.

Denn unterhalb der zivilen DC-9 Chartermaschine mit den ahnungslosen Passagieren an Bord, soll sich, gemäß eines deutschen Auslandsreporter in Italien, ein U.S. Atombomber vom Typ General Dynamics F-111 verborgen haben.

Das Problem mit dem NATO-Partner Italien war, dass man in diesem korrupten Land ein sehr freundschaftliches Verhältnis gegenüber Libyen und Präsident Gaddafi an den Tag legte. Der libysche Diktator hatte mehrere Investitionen in Italien getätigt, und Geld stinkt bekanntlich nicht.

Wobei, Italien könnte sogar tief verstrickt in geheime Machenschaften (in Zusammenarbeit mit den USA) sein, was die Freundschaft (und heimliche Kontrolle) mit dem afrikanischen Staat Libyen betrifft, die einmal Kolonie der Italiener war.

Übrigens:

Libyen war immer unter italienischer Kontrolle. Ob im Zweiten Weltkrieg, wo ggfs. Peenemünde (unter Billigung der Amis) einige Raketen- und Atomtests in dem Wüstenstaat durchgeführt haben könnte. Oder in der Nachkriegszeit, wo Wernher von Brauns Juno/Nova mit einer USAF-Raumbesatzung von Libyens Küste, oder im Inland von einem erloschenen Vulkan aus zum Mond geflogen sein könnte. Stichwort „Lucas AFB" in Nord Afrika, siehe „Easter Egg" bei U.S. Sitcom „I dream of Jeannie", 1965/66.

Außerdem soll Ronald Richter, von Bariloche, Argentinien aus nach Libyen gegangen sein, um sein neues Kraftwerk, ggfs. in einer geheimen (Untergrund-) Militärbasis zu installieren.

Zudem will ein Mann aus der Ölbranche, der in Libyen tätig war, ein mögliches Plasma-Experiment in den 1970er Jahren beobachtet haben.

Die OTRAG und die Russen machten in den 1970/80er Jahren Weltraum-Experimentalflüge bei einer Oase in Libyen, wohl alles unter den geheimen und wachsamen Augen gewisser Leute und Mächte, die dieses Land aus dem Hintergrund heraus kontrollieren und steuern.

Der Wüstenstaat im Norden von Afrika scheint für bestimmte, geheime Unternehmungen sehr interessant für die Mächtigen gewesen sein, oder ist es immer noch.

Ob Gaddafi hier diesen Leuten, wohl zumeist aus dem Bereich des Militärs und Geheimdienst, einen Strich durch die Rechnung machen, und man sich an ihm rächen, in gar beseitigen wollte, wäre denkbar.

So heißt es in Auszügen aus: „Der Spiegel", „Blutige Spur, Der Flugzeugabsturz von Ustica im Jahr 1980 scheint geklärt", Mai 1996. „Die Passagiermaschine wurde Opfer eines Luftkampfes":

„Italien verfolgte damals gegenüber Gaddafi eine höchst ambivalente Politik: Der libysche Diktator hatte 1976 knapp zehn Prozent der Fiat-Aktien erworben und investierte weiterhin große Summen in Italien. Rom lieferte ihm heimlich Waffen und Ausbilder und zeigte sich auch sonst erkenntlich.

Andererseits war der **unberechenbare Gaddafi 1980 zum Feind der Amerikaner, Briten und Franzosen geworden.** Offiziell sah sich der Nato-Partner Italien gezwungen, Solidarität mit den Verbündeten zu zeigen.

Dennoch konnte der Libyer auf einflußreiche Sympathisanten in Italien zählen - vor allem in Geheimdienstkreisen,
...
Im Frühjahr 1980 hatten sich die **Spannungen zwischen Ägypten und Libyen so verschärft, daß ein bewaffneter Konflikt drohte.** Gaddafi wollte sein Land mit einer »großen Mauer« abriegeln, der ägyptische Präsident Sadat verhängte daraufhin das Kriegsrecht im Grenzstreifen zu Libyen.

Die USA sprangen ihrem Bündnispartner Sadat bei. **Westlich von Kairo richteten sie einen Luftwaffenstützpunkt ein, der als Basis für <u>Angriffe gegen Libyen</u>** dienen konnte.

Auch gemeinsame ägyptisch-amerikanische Luftmanöver waren geplant.

Zu diesem Zweck wurden Anfang Juli 1980 im Rahmen der Aktion »Proud Phantom« zwölf Phantomjäger vom Luftwaffenstützpunkt Moody (US-Staat Georgia) nach Kairo überführt. Aus Großbritannien sollte überdies am <u>27. Juni 1980</u> ein amerikanischer <u>Schwenkflügelbomber vom Typ F-111,</u> ausgerüstet mit taktischen Nuklearwaffen, nach Ägypten fliegen.

Nach der Version der Buchautoren **schickte Gaddafi, von seinen
italienischen Freunden informiert, daraufhin Abfangjäger los, um den
Bomber abzuschießen.** Dieser nutzte - der Gefahr bewußt, die ihm in
dieser Gegend des Mittelmeeres drohte - den Radarschatten der
italienischen DC-9, wofür es Hinweise in den verbliebenen
Radaraufzeichnungen gibt. **Es sei zum Luftkampf zwischen den
libyschen MiGs und den Begleitjägern der F-111 gekommen, dabei habe
eine Rakete die italienische Linienmaschine getroffen.**

Welche Rolle die über Kalabrien abgestürzte MiG-23 dabei spielte,
wird sich möglicherweise nie restlos klären lassen. Wollte der Pilot
seinen bedrängten Kameraden zu Hilfe eilen? Oder sollte er, im
Gegenteil, Gaddafis Jäger ablenken und verwirren?

**Für die Italiener gab es jedenfalls Gründe genug, ihren Part in dem
ruchlosen Spiel zu verschleiern und die Angehörigen der Absturzopfer
zu täuschen.** Sogar der damalige Ministerpräsident und spätere
Staatschef Francesco Cossiga soll darauf bestanden haben, die
Wahrheit geheimzuhalten, aus Loyalität gegenüber den Verbündeten und
aus Rücksicht auf die geheimen Verflechtungen mit dem Wüstenstaat.

Einblick in die politischen Zusammenhänge gab vor wenigen Wochen der
ehemalige Geheimdienstchef Fulvio Martini, der Auftraggeber des
Dossier-Sammlers Cogliandro. Bei einer Anhörung durch die
parlamentarische Kommission, die sich mit ungelösten
Terroranschlägen und auch mit Ustica befaßt, hob der pensionierte
Admiral Konflikte hervor, die sich **aus Italiens »doppelgleisiger«
Libyen-Politik ergeben hätten.**

-Ends-

Anmerkung:

Leider ist bis heute, Stand 2023 das Unglück, die mörderische Inszenierung, die Liquidation
zweier Augenzeugen des Ustica-Zwischenfalls von Ramstein am 28. August 1988 immer
noch nicht offiziell aufgeklärt.

Und von keinen der beteiligten Parteien, einschließlich der Bundesrepublik Deutschland, ist in
nächster Zeit zu erwarten, dass die Umstände, die zum Zusammenstoß der
Unglücksmaschinen der Kunstflugstaffel „Frecce Tricolori" in Ramstein/Pfalz führten, restlos
und wahrheitsgetreu aufgeklärt werden.

Denn, es haben zu viele Leute und Institutionen „Dreck am Stecken".

Wie immer, in dieser Welt.

Ob gewisse Kreise in den USA, damals, 1980 einen Unsturz in Libyen herbei führen wollten,
gar mit Atomwaffen Gaddafis Residenz bombardiert werden sollte, ist unklar. Denn, man
wird es den beiden Starfighter Piloten, die in Ramstein absichtlich zu Tode kamen, zu
verdanken haben, dass Anfang der 1980er Jahre es zu keinem größeren Zwischenfall mit den
Großmächten kam und dieser in einen großen Krieg gemündet hätte.

So wird der Absturz in Ramstein im August 1988 „nur" als Flugunfall in die - geschönten-Analen der Geschichte eingehen und die (heldenhafte) Rolle der zwei damaligen italienischen F-104 Piloten, die man so brutal in Ramstein aus der Schusslinie genommen hatte, bleibt bis auf weiteres unerwähnt.

Bad Kissingen
Ein HQ für WW III?

Einige zusätzliche Informationen, wurden aus einem amerikanischen Artikel interpretiert, Web Found:

Die gesamte deutsche Luftwaffe aufzulösen und gleichzeitig nach deutscher Hochtechnologie im Luftfahrtbereich zu suchen, das fiel in den Aufgabenbereich der 9th Air Force, die ihr Hauptquartier in Bad Kissingen an der Saale aufgeschlagen hatte.

Es waren weniger die Kommandeure und das Personal im HQ, als vielmehr die Männer im Feld, auf den Fliegerhorsten, Flugplätzen und Flugfeldern der ehemaligen deutschen Luftwaffe, die nach modernsten Flugzeugtypen fahndeten, aufspürten und diese für die USA sicherstellten.

Darunter waren wohl auch solche Offiziere und Spezialisten, wie die Majore Hazen und Cardenas (siehe div. Bücher des Autors, worin diese U.S. Spezialisten besprochen wurden), die nicht nur die Technik sicherstellten, sondern auch die Ingenieure und Verantwortlichen für deutsche Luftfahrtprojekte befragten, gar gleich mit in die Vereinigten Staaten nahmen.

Denn die USA wollen alleinige Weltmacht sein und benötigen dafür die modernste, fortschrittlichste Technik, um allen anderen Widersachen haushoch überlegen zu sein. Ein bestreben, das heute umso mehr gilt.

So gab es die „Air Disarmament Division", eine U.S. Einheit, die überall im Lande unterschiedliche deutsche Luftwaffen Flugzeuge ausfindig machen sollte, was eine Menge Arbeit darstellte. In der Hauptsache suchte man nach deutschen Jets, den modernen Strahlern.

Im November 1944 wurde die Planung und die Ausstattung mit Personal für die „Air Disarmament" Mission von der 8th Air Force an die 9. U.S. Luftflotte abgegeben. Denn, die 9th AF flog „Air Support" Missionen, Luftnahunterstützung über Deutschland und war deshalb vertrauter mit deutschen Luftwaffenplätzen, sodass man wusste, wo, was stand und an interessantem, deutschem Fluggerät zu entdecken war.

Die 9th AF war ja wohl außerdem, ab Sommer 1945 dafür auserkoren worden, mit der Wehrmacht zusammen gegen die Russen im Dritten Weltkrieg zu kämpfen, hatte diese Armee doch genügend Erfahrung, was den Bodenkampf aus der Luft heraus anbetrifft.

Die Aufgabe der Abrüstung deutschen Fluggerätes teilte sich in zwei Hauptaufgaben auf:

Das Finden, Identifizieren und das Sicherstellen von Flugzeugen zum Abtransport in die USA.

Das Aufspüren von deutsche Flugzeugen und deren unterschiedliche Ausrüstung, die zumeist moderne Technologie und Innovationen aufwiesen und somit schnell von amerikanischen Flugzeugfirmen nachgebaut und sofort für U.S. Neuentwicklungen umgesetzt werden konnten.

Siehe hier die Aussagen von Hans Göbel, der als Testpilot in den USA, in den Wüstengebieten von Kalifornien und Nevada, deutsche Hochtechnologie für die Amerikaner nachflog. Ob ggfs. bereits im Krieg oder kurz danach, man erbeutete Flugzeuge und deren fortgeschrittenen Projekte in den USA heimlich nachbaute, wäre denkbar. Fluggerät, in Deutschland angefangene Projekte, die man in den USA zu Ende baute, oder nach deutschen Konstruktionsunterlagen neu aufbaute, deutsche, hochmoderne Flugzeugprojekte, die dann später offiziell von U.S. Flugzeugfirmen weiterentwickelt wurden, siehe dazu auch einige Hinweise in den Büchern des Autors.

Deutsches Fluggerät und deren Ausrüstung, das nicht wichtig genug für die Weltmacht USA war, wurde eingesammelt, auf Sammelstellen zwischengelagert, um dann auf diversen Schrottplätzen vor Ort als eine allumfassende Abrüstungsmaßnahme und Vernichtung deutschen Kriegsgerätes, verschrottet zu werden.

Diese Abrüstung umfasste alles, wirklich alles, von harmlosen Dingen, wie Anschnallgurten, Stiefel, Bettgestelle in Kasernen, bis zur absoluten Hochtechnologie.

Alles Erbeutete wurde gesichtet, gezählt und katalogisiert.

Anmerkung:

Hier wäre interessant zu wissen, ob wirklich alles katalogisiert wurde, oder ob man „Ausnahmen" machte.

Das heißt, ob solche Dinge, wie der Flugkreisel, Pfeilflügel-Messerschmitts, Horten Ho IX und vieles mehr, was bis heute vehement vor der Öffentlichkeit geheim gehalten wird, in eine Sammelliste eingetragen wurde? Oder man Sonderlisten anfertigte, von denen man wusste, dass diese nie das Tageslicht der Öffentlichkeit erblicken und für immer weggeschlossen werden.

Ernsthaft mit der Erfassung deutschen Beutegutes wurde im Februar 1945 begonnen und als die Besetzung Nazi-Deutschlands voranschritt, begann die eigentliche Arbeit ab April 1945, kurz vor Kriegsende.

Es gab zwei „Air Disarmament Divisions", ADD No. 1 und No. II.

Disarmament Wing, # 1 mit dem Hauptquartier in **Fulda** and #2 mit dem HQ in **Kaufbeuren**, die beide in je sechs oder sieben "Disarmament Squadrons" unterteilt waren.

Auf dem Höhepunkt waren mehr als 8.000 U.S. Luftwaffenangehörige mit Abrüstungsmaßnahmen betraut. Darunter fiel auch die Zerstörung diverser deutscher Flak-Kanonen und dessen Ausrüstung.

Man setzte sich das Ziel, mehrere Experten-Teams einzusetzen, die jeden Flugplatz, Fliegerhorst, Einsatzhafen oder Flugfeld der deutschen Luftwaffe, die jedes Luftwaffen Zeughaus, Lager oder sonstige Luftwaffen-Einrichtung genauestens untersuchten.

Das Hauptsuchgebiet waren die, von der U.S. Armee besetzten deutschen Gebiete, wie z.B. Bayern (das heute noch Hochtechnologie Bundesland ist und davon profitiert!).

Natürlich suchten unsere amerikanischen Freunde auch in anderen Besatzungszonen, wie in den besetzten französischen und britischen Zonen nach deutscher Hochtechnologie, wenn auch teilweise unerlaubt oder mit Hilfe des „Universalschlüssels", dem „Blue Eisenhower Pass", der für die Amerikaner absolut jede Tür öffnete.

Bei den befreundeten Alliierten gab es nur wenige Beschwerden, aber bei den Russen im Osten von Deutschland, wo die Amerikaner nach lohnenswerten, deutschen „Wunderwaffen" suchten, gab es selbstredend wütende Proteste der Sowjets.

Natürlich wollten auch die Russen, als Gegengewicht zur Großmacht USA, ihren Anteil an der deutschen Hochtechnologie in ihren Waffenarsenalen besitzen.

In den entscheidenden Tagen und Wochen, wo man sich auf diplomatischer Ebene zwischen den USA und Russland einigte, erbeuteten die Amerikaner in der Sowjetzone alles, was auch nur irgendwie von Interesse war und schafften es in den Westen, über den Atlantik in die USA fort. Es war nichtabsolut alles, was man fortschaffte, aber eben die Schlüsseltechnologie, die man zum Sieg für einen nächsten Krieg benötigte. Das machen die USA bis heute so, um sich die Weltmacht zu sichern!

Es gab unzählige Plätze und Orte im ehemaligen Nazi-Deutschland zum Durchsuchen und jede Menge zu tun. Man orientierte sich an den Listen der zu bombardierenden Ziele in Deutschland, die die 8th und 9th AF im Krieg aufgestellt hatten. Dazu kamen Informationen von Kriegsgefangenen, Technikern und Ingenieuren. Alles lief langsam an, bis man verstand, wie die Deutschen im Krieg ihre Luftrüstung organisierten, später unter Tage und auf kleine Dörfer verlagert hatten.

Die U.S. Inspektionsgruppen waren relativ klein. Darunter waren ein Übersetzer und an die zehn Experten, die speziell für bestimmte Hochtechnologie, wie Flugzeuge, Radar, Bomben, Raketen, Funk, Höhenausrüstung und vieles anderes Luftwaffengerät ausgebildet waren.

Anmerkung:

Hier sei wieder an so Männer, wie die U.S. Majore Hazen und Cardenas erinnert, die in Dayton, Ohio, auf dem Wright Field ausgebildet worden waren, um in Deutschland bestimmte Wunderwaffen abzugreifen und mit in die USA zu nehmen.

Nachdem man interessante und brauchbare, sowie wertvolle Ausrüstung und Technologie gefunden hatte, kamen größere Einheiten, die alles sortierten, zusammen packten und in die USA verschifften. Was nicht mehr benötigt wurde, wurde noch vor Ort verschrottet.

Bestimmte, zum Leben wichtige Ausrüstung, wie Medizin, oder Kleidung wurden an deutsche Stellen abgegeben.

Gleichzeitig mit dem Einsammeln wichtiger Kriegsgüter der Luftwaffe wurden Luftwaffenangehörige, ob zivil oder militärisch, verhört und dementsprechende Protokolle verfasst. Die zu Millionen verpackt und für spätere Studien in die USA verbracht wurden.

Ein Milliarden schwerer Technologieaustausch, Informationen und Technologie, die Gold wert waren, gingen von Deutschland in die USA, und hier wiederum hauptsächlich nach Wright Patterson Army Air Force Base in Ohio.

So heißt es im Englischen aus dem Artikel:

All of these activities were reported to the Wing chains of command to Bad Kissingen and HQ 9th USAF.

From there, occasionally press releases were issued to American newspapers detailing the various finds of Nazi wonder weapons.

Anmerkung:

Nicht nur in der U.S. Presse!

Wobei wohl die meisten Presseverlautbarungen in der einen, oder anderen Weise zensiert waren.

Hier wäre interessant zu wissen, was sozusagen 1:1, also kaum zensiert an die Öffentlichkeit drang, und für wen diese Meldungen eigentlich gedacht waren?

(In einer Zeit ohne Internet und E-Mail, wo man aus der Zeitungen, Botschaften, Messages entnehmen konnte, wenn man wusste, wo und wann. Und ob dies heute noch der Fall ist? Nicht nur in Zeitungen, Print Magazinen, sondern ggfs. auch in Film und Fernsehen. Siehe hier die Botschaften und militärischen Geheimnisse, z.B. in dem U.S. Movie „Rear Window" oder der U.S. Sitcom „I dream of Jeannie", USA, 1965/66, beide von dem Star Regisseur und ggfs. britischen Geheimdienstmitarbeiter Sir Alfred Hitchcock initiiert.)

Siehe hier die Zeitungsanzeige, wohl von der 9th AF lanciert, den „Salzburger Nachrichten" vom 5. November 1945:

„**Bad Kissingen** (IIS) - In Süddeutschland wurde ein Segelflugzeug mit Dreieck-Flügeln und **zusätzlichem Strahltriebwerk** gefunden, dessen Geschwindigkeit 1.360 km/h betragen soll und das von deutschen Hochschülern konstruiert wurde. "

Wenn auch die Nachricht verklausuliert wurde!

Der Begriff „Glider" ist nicht ganz falsch und die von den deutschen Hochschülern konstruierte Maschine war die DM-1, ein antriebloser Gleiter, um die Segelflugeigenschaften und das antriebslose Landen der Li P-13 zu üben.

Ob die DM-1 mit einem Antrieb, wie einem HWK-Raketentriebwerk, gar mit einem zusätzlichen, elektrostatischen Antrieb ausgestattet wurde, ist unklar.

Die Abrüstung der deutschen Luftwaffe und die Suche nach nennenswerter deutscher Hochtechnologie endete Mitte des Jahres 1946.

Zu den besonderen „Hunters", den U.S. „Jägern nach deutschen Wunderwaffen" gehörten die „Lusty Men".

Die Suche nach der „Highest Value Target" deutscher Luftwaffentechnologie hatte den Codenamen „Operation Lusty": **LU**ftwaffe **S**ecret **T**echnolog**Y**.

Die Operation begann schon vor dem offiziellen U.S. Abrüstungsplan der deutschen Luftwaffe.

Die "Lusty Mission" war der **2nd Disarmament Wing** zugeordnet und wurde als **54th Air Disarmament Squadron** bezeichnet.

Die Einheit wurde von dem Kommander **Colonel Harold E Watson** befehligt, der wiederum für **Colonel Donald L Putt** arbeitete. Dieser war für die gesamte Erbeutung und Auswertung deutscher Hochtechnologie im Luftfahrtbereich zuständig.

(Donald Putt, der auch in die „UFOs" verwickelt war. Also das Sammeln von Informationen über exotische Fluggeräte, die unter anderem von der Sowjetunion als Aufklärer und Spionageflugzeuge über den USA verwendet wurden und die die Propaganda bis heute gerne als „Außerirdische Raumschiffe" den unwissenden Bürgern verkauft.)

Col. Watson sollte die neueste Generation von Strahlflugzeugen in Deutschland sicherstellen, damit die Flugzeugindustrie anhand von Beuteunterlagen und erbeuteten Strahlflugzeugen in der Lage war, diese Nachzubauen, bzw. diese als Vorbild für eigene, neue Entwürfe zu nutzen.

Dies sparte, insbesondere in Kriegszeiten natürlich enorme Entwicklungskosten und -zeit.

Die Top-Priority war natürlich das Aufspüren der zweimotorigen Messerschmitt Me 262.

Ob Watson und sein Team nicht nur die allseits bekannte Me 262 finden und sicherstellen sollte, sondern auch und gerade die weiterentwickelten Pfeilflügelversionen, wie die HG II und HG III Versionen, ist offiziell nicht bekannt.

Aber gerade diese Maschinen waren ja besonders interessant für die Kriegsnation USA.

Denn Strahlflugzeuge, auch und gerade mit neuen, leistungsstärkeren Triebwerken, wie weiterentwickelte Jumo 004 TL-Triebwerke versprachen weit aus mehr Geschwindigkeit und damit eine Luftüberlegenheit gegenüber einem potenziellen Kriegsgegner.

Dass solche Me 262, beide Pfeilflügelversionen, die HG II und HG III in die USA kamen, zeigen ja öffentlich zugängige Fotos, die man im Netz finden kann.

Hier könnte also mal wieder die historische Darstellung der Aufgabe, die Watson und seine „Whizzers" wahrzunehmen hatten, lückenhaft sein.

So, wie man das gerne macht in dieser Welt, man lässt bei der Darstellung bestimmter Sachverhalte einfach etwas Entscheidendes weg und hofft auf die Dummheit der Leute, die sich mit einem spezifischen Thema nicht auskennen. Das ist eine eingeschränkte Meinungs- und Pressefreiheit, alles nur vorgegaukelt, als wäre sie ehrlich und allumfassend!

Die USA wollten so viele flugfähige Me 262 in ihren Besitz bekommen, wie möglich.

Die meisten Messerschmitt Strahlflugzeuge fanden die Watson Whizzers in Süddeutschland, in Bayern, in der Gegend um Augsburg.

Flugzeuge, Ausrüstung, Triebwerke und die Ingenieure, Techniker, dazu die Bodenwarte für die Me 262.

In B-8 Bergkristall wird man Neubaurümpfe, die sauberer bearbeitet wurden, als die herkömmlichen Rümpfe, gefunden haben, wie ja auch einige Fotos aus Niederösterreich beweisen.

So heißt es in dem U.S. Artikel unter anderem:

"By late 1946, the missions of the Air Disarmament Division and Watson's 54th Squadron were completed; all they left behind were the wrecks and piles of parts and pieces. They did not get them all, the Russians had their share - but the Army Air Force had more than enough.

Captured German jets in American markings flew for the next few years in the skies over Ohio and Indiana as part of the testing and evaluation program. "

Neben der zweistrahligen Messerschmitt Me 262 war auch noch der zweistrahlige Bomber und Aufklärer Arado Ar 234 für die Amerikaner von Interesse.

Und natürlich die deutsche Raketenentwicklung, wo es in den Artikel heißt:

„**Beyond the fact that some of the German rocket scientists were briefly housed in a Bad Kissingen hotel under Army supervision** as they waited for final disposition and movement to the United States, there appears to be no link between the 9th Air Force, Kissingen and the V2 post war exploitation process."

Das war der offizielle teil der geschönten Geschichte aus amerikanischer, Siegersicht.

Wie war es wirklich?

Welche andere U.S. Gruppen, neben den Watson Whizzer gab es, die bis heute nicht bekannt sind, und die hauptsächlich im Osten, in Schlesien, in U-Anlagen bei Riese und anderswo reiche Beute machten, noch vor den Russen?

Was hatte die 9th AF in Bad Kissingen noch alles in deutschen Waffenarsenalen bzgl. der deutschen Luftrüstung entdeckt, erbeutet und in die USA verschifft?

Die Lippisch P-13, ein elektrostatischer Raumgleiter, das Aggregat-4, die V-2 als zwei oder vier Mann Raumstation, die Wagenrad ähnliche Raumstation von Wernher von Braun nach Vorbild des „Wohnrades" von Herman Noordung?

Andere Raumgleiter, an denen Lippisch und Eugen Sänger arbeiteten?

Orbitalbomber in Flugzeug- oder Scheibenform, wie Miethes Flugdiskus oder Wernher von Brauns Raumschiff mit Interkontinentaler Reichweite aus den Erdorbit heraus?

Der Flugkreisel-Interzeptor, Flak-Raketen, Kurz-, Mittel- und Langstreckenraketen, atomare Flugzeug- und Raketenantriebe, atomare Generatoren? Dazu elektrostatische und elektromagnetische Flugkörper für den Flug in der Erdatmosphäre und im erdnahen Weltraum und noch vieles mehr, das bis heute so gut wie unbekannt geblieben ist, wie Fernraumschiffe, die u.a. Prof. Hermann Oberth entwickelte?

Andere Strahljäger und Bomber, die bereits über das Stadium der Reißbrettentwicklung hinaus als 1:1 Holzmodelle zur Verfügung standen?

Alles bis auf Ewigkeit vertuscht, damit die weltweite Bevölkerung nur eine abgespeckte Variante der Geschichte des 20. Jahrhunderts in den Geschichtsbüchern nachlesen kann.

Abgespeckt in Form eben der „Watson Whizzers", einer „Alibi-Veranstaltung" für die Öffentlichkeit?

Weitere deutsche Flugzeuge, die in der offiziellen Geschichtsschreibung entweder als unfertiger Prototyp der Öffentlichkeit verkauft werden, oder nur im Entwicklungsstadium waren, es sind dies u.a. . . .

Junkers EF-126

In Kassel, bei den Gerhard Fieseler Werken wurden gegen Ende des Krieges als Zulieferer, Teile für die V-1 Flügelbombe, und für die Messerschmitt Me 262 Serienfertigung bei der Reimag bei Kahla produziert.

Zudem wurden Teile für die Heinkel 162 gefertigt, die nach Nordhausen für die dortige Serienproduktion innerhalb der Mittelwerke gingen.

Wie schon vermutet, könnte dort, in Dora-Mittelbau (Produktionsstollen B-4 oder B-12) auch eine geheime Serienfertigung des Erdkampfflugzeuges Junkers EF-126 erfolgt sein.

Teile der EF-126, wie die vordere Haube und Bugkonus, sowie weitere Teile könnten von der He 162 übernommen worden sein, sodass Fieseler für beide Flugzeuge, die He 162 und die geheime EF-126 in Kassel bestimmte Flugzeugkomponenten herstellte, die dann in den Harz per Bahn geliefert wurden.

Ob dann später, bei Fieseler auch ein Einflugbetrieb, sowohl der, in Dora unterirdisch gebauten He 162, als auch der Junkers EF-126 erfolgte, ist unklar, aber denkbar.

Sodass die Junkers Maschinen, die in Eschborn auf dem dortigen z.b.V. Fliegerhorst in Hangar-Bunker für die Schlacht um Berlin bereitstanden, auch nach Kriegsende wieder nach Kassel zurückkamen.

Denn dort, in Kassel hatten die Amerikaner ein „Collection Point", ein Sammellager für erbeutete deutsche Flugzeuge und Hochtechnologie nach Kriegsende errichtet, von wo aus das Beutegut über französische Häfen in die USA zur weiteren Erprobung verschifft wurde.

Heinkel He 162 and Junkers EF-126 in Kassel bei den Fieseler Werken.

Wurden für beide Flugzeuge identische Teile gefertigt, die Fieseler in den Harz lieferte?

Kamen aus dem Harz komplett gefertigte He 162 und EF-126 per Bahn wieder zu Fieseler nach Kassel, um dort eingeflogen, und dann an Luftwaffen-Einheiten abzugeben zu werden?

Kamen EF-126 nach Eschborn bei Frankfurt/M., um dort, zusammen mit Messerschmitt Me 262 PF ab April nukleare Angriffsflüge gegen die Rote Armee vor Berlin, bei der Abwehrschlacht um Berlin zu fliegen?

Abb.:

Fieseler-Werke in Kassel Waldau.

Wurden hier, die, aus Mittelbau Dora im Geheimen gefertigte Junkers EF-126 komplettiert und danach eingeflogen?

Erreichten einige Maschinen, neben Me 262 PF, auch Eschborn bei Frankfurt/Main, um mit panzerbrechender DU-Uranmunition sowjetische Panzer vor Berlin zu bekämpfen?

Woher kam die DU-Munition? Welche Muna stellte mehrere 10.000 St. von 3 cm DU-Patronen her und wohin, neben Eschborn wurde diese strahlende Munition noch geliefert, die bis heute geheim gehalten wird, da Nazi-Deutschland ja keine Atomwaffen besessen haben soll?

A P-61 and C-47 provide the backdrop for this bulkless Ju 126 UDI fuselage being carefully examined by Allied soldiers. The aircraft was designed to be powered by a state of outside aimed on the V-1 "Buzz Bomb".

Me 263 Interceptor from Frankfurt/M.?

Me 263 in Kassel-Waldau 1945
formerly deployed in Hanau?

Warum lagerten in Kassel zumindest ein Messerschmitt Me 263 Raketenabfangjäger?

Weil Kassel ein „Collection Point", ein Sammellager der USAAF war und hier wertvolles und hochmodernes Luftwaffen-Beutegut von den Amerikanern zusammengezogen wurde?

War Fieseler auch für die Herstellung, Komplettierung, Zusammenbau, Wartung und Einflug von Messerschmitt Me 263 zuständig? Oder kam der Rumpf der Me 263 entweder aus Langendiehbach bei Hanau oder von einem Stützpunkt im Wald bei Frankfurt/M., siehe Startbahn West, „Geheimprojekt Me 163", die Stationierung von Abfangjägern im Rhein-Main Gebiet?

Was machten Raketenjäger bei Franfurt/M. und was sollten diese Interzeptoren, die Abfangjäger als Objektschutz sichern?

U.S. Dienststellen, Ausweichquartiere, ein HQ von Gen. Patton in Bad Nauheim?

Me 262 HG II and HG III Tail Section!

Abb.:

HG II und HG III Leitwerk der Me 262 PF, entweder in Kassel oder in Indiana, USA nach dem Krieg.

Die unbemalten Leitwerke scheinen noch in den originalen Transportgestellen zu hängen und wurden wohl nie zusammengebaut.

Wie viele Messerschmitt Me 262 Pfeilflügler hatten die Amis in Deutschland erbeutet und in Einzelteilen in die USA geschafft?

Wurde bereits in Deutschland während des Krieges ein An- und Abflugmanöver geübt, wie man nukleare Munition, Werfergranaten, Luft-Boden-Raketen und A-Bomben auf ein feindliches Ziel abwirft, ohne dass die Maschine und vor allen Dingen der Pilot von der nuklearen Explosion und der Verstrahlung getroffen wurde?

Waren die Piloten auf Me 262 PF, die atomare Waffen gegen den Feind einsetzen sollten, alles Freiwillige, denen bewusst war, dass ihr Einsatz auch ein Himmelfahrtskommando sein könnte?

So, wie heute Bundeswehrpiloten, wie z.B. in Büchel, alles Freiwillige sind, die mit ihren „Tornado" Jabos nukleare Bombeneinsätze fliegen und wissen, dass sie auch in einen nuklearen Blast geraten können, der sie und die Maschinen verstrahlen, gar durch den Luftdruck und die Hitze die Jabos zum Absturz bringen konnten.

Wo sind die damaligen Luftwaffenpiloten, die Freiwilligen, die die Me 262 HG II und HG III für atomare Einsätze fliegen sollten, wo sind die Erprobungsberichte, wie man nukleare Waffen gegen den Feind einsetzt usw.?

Wie schafft man es, alles dies bis heute und darüber hinaus, geheim zu halten?

Ungarische Messerschmitt Me 109

Hungarian Messerschmit 109
Notice U.S. Soldiers

G.I. standing on
Hungarian Me 109

Abb.:

Könnten so die Einsatzmaschinen gewisser U.S. und anderer Alliierter Söldner, die in deutschen Diensten standen und freiwillig an der Ostfront gegen die Russen kämpften, ausgesehen haben?

Beachte das „X" am gelben Seitenruder!

Flogen alliierte Freiwillige und Söldner für die Nazis, die aus deutsche Stalag Luft Einrichtungen rekrutiert wurden, in Oberursel verhört und für die Wehrmacht eingeschworen, in Eschborn auf deutsche Messerschmitt Me 109 Jagdflugzeuge geschult wurden, noch von anderen Standorten, außer Ungarn, Einsätze gegen den nächsten, gemeinsamen großen Kriegsgegner, die UdSSR?

Standorte an der Ostfront, wo die „Auswertungsstelle West", AWSW in Oberstetten bei Oberursel im Taunus noch Einrichtungen übernommen hatte, um abgestürzte und gefangen genommene Flieger zu verhören, wie ggfs. in Rumänien, den Baltischen Staaten oder Finnland.

Flogen auch dort angloamerikanische Söldner mit Messerschmitt Me 109 Jagdmaschinen Einsätze gegen den zukünftigen Gegner der USA, die Russen, mit Maschinen, die rumänische Markierungen, oder das finnische Hakenkreuz aufwiesen?

Der Aufwand, um einen Dritten Weltkrieg im Sommer 1945 gegen Russland anzuzetteln, war groß und trotzdem wurde der gewollte Krieg in letzter Minute abgesagt.

Für immer, oder wiederholt sich die Geschichte?

Geheime Standorte für nukleare Waffen,
außerhalb der üblichen Militärstandorte,
also, unter anderem in ziviler Infrastruktur:

Belgische UFO-Welle 1989-1992

Während der belgischen UFO-Welle, die gegen Ende März 1990 ihren Höhepunkt erreichte, wurden immer wieder Fluggeräte beobachtet, die wie ein gleichschenkliges Dreieck aussahen, an deren Spitze sich strahlende Lichter befanden.

Hier handelt es sich um elektromagnetische Flugzeuge und Raumschiffe in Dreiecksform, die mit so genannten „Thrusters" angetrieben werden. In eine, von den Thrusters emittierte EM-Strahlung wird eine Zyklotronstrahlung eines Infrarotstrahlers (so zusagen der „Schubstrahl") geschossen, der sich in der Mitte des FT, des „Flying Triangles" befindet und 360 Grad schwenkbar ist, um den Vortrieb und die Richtungsänderung herbeizuführen.

Die unbekannten Fluggeräte wurden von mehreren Radara-Anlagen erfasst, von hunderten, ja tausenden von Augenzeugen gesichtet, und von der belgischen Luftwaffe mit F-16 Jägern verfolgt.

Wobei die Jagd nach den „Außerirdischen" eine schöne Propaganda-Inszenierung der belgischen Luftwaffe gewesen sein könnte, um der Bevölkerung einerseits etwas „Aktionismus" vorzugaukeln, und andererseits eine Ablenkung vorzunehmen, man wüsste mal wieder nicht, wer oder was dort am Himmel fliegt und ungestört Aufklärung betreibt.

Denn, man verschleierte gar nicht die Anwesenheit riesiger FTs, die ggfs. von einem U.S. Space Commado gekommen sein könnten, die auch der Raumpilot „Randy Cramer" vor Jahren flog, als er auf dem Mond oder Mars stationiert war.

Die FTs spielten bei der Verfolgung durch die belgische Luftwaffe das übliche „Katz und Maus Spiel", in dem sie von langsamen Fluggeschwindigkeiten von „Null auf mehr als Mach 1,5" beschleunigten und große Höhenunterschiede im senkrechten Aufstieg überwanden.

Einer der vielen Vorteile elektrostatischer und elektromagnetischer Flugkörper, die nicht mehr einer schädlichen Luftreibung ausgesetzt sind und sich in die Raumladung der Erdatmosphäre anziehen und abstoßen lassen können.

Auszüge aus dem Buch: „*UFOs, Generäle, Piloten und Regierungsvertreter brechen Ihr Schweigen*" von Leslie Kean, Kopp-Verlag, 1. Auflage, Febr. 2012:

Die UAP-Welle über Belgien

„. . . Um 17.15 Uhr (November 1989) während einer Patrouille auf der Straße von Eupen zur deutschen Grenze erblickten sie (Polizei) ein nahe gelegenes Feld . . . Über dem Feld schwebte ein dreieckiges Fluggerät mit drei nach unten gerichteten Scheinwerfern und einem roten, blinkenden Licht in der Mitte (Teil des Antriebes!, Anm.d.A.) . . .

Dann schwebte das unbekannte Objekt ungefähr dreißig Minuten über der belgischen Stadt Eupen.

Anmerkung:

Was suchte man an der deutsch/belgischen Grenze?

Die Außerirdischen, die Lichtjahre weit geflogen sind, um im korrupten Belgien nach was zu suchen? Nach deutschen Touristen, nach Naherholungsgebieten u.ä.?

Wir leben in einer permanenten Kriegswelt und man wird heimlich nach gut versteckten Waffen gesucht haben, die einem Kriegsgegner der NATO gefährlich werden könnten:

Es wurden höchst wahrscheinlich militärischen Einrichtungen, die außerhalb der Stadt Eupen in der Landschaft, unterhalb Wiesen und Felder untertage versteckt waren, gesucht worden sein.

So findet man in Eupen die Militäreinrichtung „Königliche-Militärinstitut für Leibeserziehung" (KMILE), eine Sportschule der belgischen Streitkräfte in der „Caserne Sous-Lieutnant Atoine" im Stadtteil Eupen-Unterstadt.

Wer weiß, ob dort in der Kaserne in der Vergangenheit, während des Kalten Krieges nur Sport betrieben wurde? Oder ob die alten Kasernen auch untertunnelt waren, tiefe Keller besaßen, wo man heimlich bestimmte Waffen für einen Dritten Weltkrieg hätte lagern können

Und wonach die unbekannten Himmelsspione in ihren FTs suchten, von denen sie wussten, dass in Eupen ein Geheimdepot angelegt worden sein könnte, von dem niemand etwas wissen sollte. Denn, wenn dort in der Schule Atomwaffen, ob Raketen oder Bomben für Flugzeuge heimlich in Verstecken innerhalb der Kaserne lagerten, dann ist das sehr beunruhigend für die Bevölkerung der Stadt. So muss man alles gut vertuschen, nach dem schönen Motto: „Was man nicht weiß, macht einen nicht heiß!"

Nach der Erkundung der belgischen Stadt Eupen, flog das riesige FT und seinen diversen Vorrichtungen zu Scannen der Umgebung und des Bodens (Bodenradar), in Richtung der Gileppe Talsperre, wo das Flying Triangle mehr als eine Stunde über dem See verharrte und auch anderweitig wahr genommen wurde.

Mehrere anwesende Augenzeugen konnten außergewöhnliche Vorgänge beobachten, so auch an einer Talsperre in der Umgebung von Eupen:

Das FT sandte rote Lichtstrahlen aus und diese wurden von schwebenden Sphären reflektiert, die das Fluggerät zuvor ausgestoßen hatte. Nach einer gewissen Zeit wurde die rote Strahlung eingestellt, und die Kugeln kehrten zum „Mutterschiff" zurück.

Mehrere dieser Vor- und Durchgänge von ausgesandten und angestrahlten Sphären mit einer gewissen (Laser/Infrarot) Strahlung wurden durchgeführt.

Möglicherweise könnte dieser Vorgang mit Messungen, Triangulation und speziellen Standortbestimmungen im Zusammenhang stehen.

Doch der Vorgang des Aufspürens und Aufklärens von versteckten Anlagen bei der Talsperre war anscheinend auch von ganz anderer Seite nicht unbemerkt geblieben, denn ein anderes, unbekanntes Flugobjekt näherte sich dem FT.

Ein „UFO" mit klassischer Kuppel und darin befindlichen, rechteckigen „Fenstern", Abstrahl-Öffnungen, hinter deren Spezialglas es leuchtete.

Dies könnte ein unbemannter Flugkörper, ein Aufklärer, sowjetischer, russischer Bauart von geheimen, östlichen Spezialkommandos (ggfs. ähnlich der U.S. „Space Force") gewesen sein, dessen Flugzeugtyp seit Jahrzehnten weltweit immer wieder gesichtet wurde.

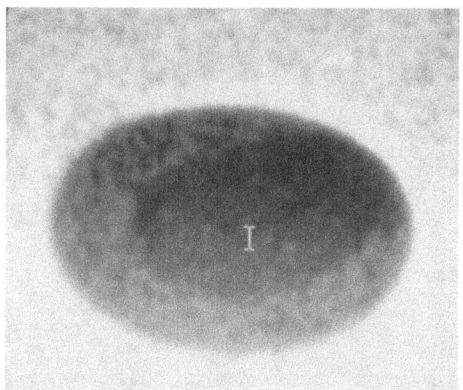

Abb.:

Eine „klassische Fliegende Untertasse", die man seit Jahrzehnten weltweit gesichtet und auch immer wieder fotografiert hatte.

Beachte hoch aufragende Kuppel, unter der sich mehrere Infrarotstrahler befinden, die, hinter Spezialglas rund um die Kuppel, 360 Grad, eine wellenförmige Infrarotstrahlung in ein E- und B-Feld schießen, um Richtungsänderungen und den Vortrieb zu gewährleisten.

Hier einige frei verfügbare Informationen zum Gileppe Stausee, wo das FT über eine Stunde lang schwebte und mit externen Fluggeräten bestimmte (Mess-) Maßnahmen durchführte:

Wasserentnahmetürme

Der See - Gileppe-Stausee, der Wasser für den häuslichen und industriellen Gebrauch liefern soll, präsentiert nach der Modernisierung eine brandneue Struktur: **die beiden Betontürme, die aus dem See selbst herausragen.**

Ihr Zweck besteht darin, den schwerwiegenden Nachteil der alten Wassereinlässe zu überwinden, die sehr nahe am Boden installiert waren und daher nicht unbedingt Wasser von bester Qualität aufnehmen mussten . . .

. . .

Aus einem zylindrischen Schacht geformt, entwickeln sie (die Wasserentnahmetürme) sich bei einem Durchmesser von 8,90 m auf eine Höhe von 75 m.

Der besondere Beton, aus dem die Türme gebaut sind, ist an der **Basis 1,20 m und an der Spitze 0,80 m dick . . .**

-Ends-

Für die sehr massiv und fest gegossenen Türme wurden ca. 5.000 Kubikmeter Beton und 390 Tonnen Stahl verbaut.

Um wohl nicht nur einen hohen Wasserdruck stand zu halten, sondern auch dem Abgasstrahl einer Interkontinental-Rakete?

Von 1967 bis 1971 wurde die Talsperre überarbeitet und verstärkt. Also genau in der Zeit des Kalten Krieges zwischen Ost und West, wo eine Kriegsgefahr immer latent vorhanden war.

Sodass es denkbar wäre, dass genau in diesem Zeitraum auch geheime, militärische Umbauten untertage in und an der Talsperre vorgenommen wurden, die die einst zivile Anlage zu einer geheimen und gut versteckten Raketenabschussrampe erweitert haben könnte.

Wobei von Seiten der belgischen Behörden, des Militärs von Belgien, ggfs der NATO in Brüssel, eine entsprechende Genehmigung vorgelegen haben muss, sodass es einige Geheimnisträger in Brüssel gab und evtl. noch gibt.

Interessant wäre zu erfahren, wer den Vorschlag machte, die Gileppe Talsperre als Abschussrampe zu missbrauchen. Wohlmöglich unsere transatlantischen Freunde, die gerne die Welt beherrschen möchten.

Und wie viele andere Talsperren sonst wo in der Welt und in Europa bereits als geheime, getarnte Militäranlagen fungieren, sodass man in Belgien, dem Standort der NATO-Zentrale damit einverstanden war, den Gileppe Damm ebenfalls in ein geheimes Netzwerk von Abschussrampen mit einzubeziehen.

Es muss eine umfangreiche, ingenieurmäßige Ausarbeitung der Erweiterungs- und Umbaumaßnahmen zu einer militärischen Anlage gegeben haben, dazu Baufirmen, die in geheime Bautätigkeiten eingeweiht waren, oder bereits seit längerem geheime Bautätigkeiten für bestimmte, militärischen „Contractors" ausführten, damit auch eine, besonders nach außen, strikte Geheimhaltung gewahrt werden konnte. Denn, es ist ein Skandal, dass zivile Bauten, die keinen militärischen Zweck erfüllen, von bestimmten Militärkreisen dafür missbraucht werden, unter anderem Massenvernichtungswaffen darin zu verstecken!

Waren örtliche Baufirmen in den Ausbau erwickelt, oder kamen Firmen aus anderen Teilen des Landes, gar Tarnfirmen des Militärs und der Geheimdienste zum Einsatz?

Welche Personen aus der Politik, der Regierung wussten darüber Bescheid und haben ihre Wähler und die Bevölkerung, wie hier in Belgien, belogen und betrogen?

Abb.:

Zwei Wasserablauftürme ragen aus dem Gileppe-Stausee hervor.

Starteten aus diesen verstärkten Türmen/Röhren, die ca. 9 m breit sind, in einem aufkommenden Dritten Atomaren Weltkrieg, nuklear bestückte Kurz-, Mittel oder gar Langstreckenraketen gegen den Feind, wie vormals die UdSSR, heue Russland?

Wo noch, an anderen Stauseen in Europa könnte es geheime Verstecke von Raketen geben, von denen die Öffentlichkeit nichts weiß und dies auch niemals erfahren soll?

Erschreckend, wenn man an einem Staudamm entlang läuft und nicht weiß, das sich tief unten an der Basis eine geheime Abschussrampe, ggfs. mit Kommandostand befindet und in einem Kriegsfall von dort Raketen mit Nuklearsprengköpfen gegen den Feind im Osten abgefeuert werden.

Die Gegend um den Gileppe Stausee könnte prädestiniert wegen dem felsigen Untergrund usw., gewesen sein, um heimlich geheime (Atom) Waffenverstecke anzulegen. Da die Türme im Gileppe Stausee sehr tief nach unten ragen und eine nukleare Strahlung von „Warheads" nicht gleich festgestellt werden kann.

So ist das Hohe Venn auch eine der urwüchsigsten Landschaften in der Region Eifel und Ardennen. Es ist eines der letzten Hochmoore Europas und liegt zwischen den Orten Malmedy, Eupen, Spa und Monschau. In der West Eifel erstrecken sich auch einige Vulkanfelder, deren Höhlen und Gänge man ausbauen und als Lagerhallen und andere militärische Installationen verwenden kann.

Vulkanische Höhlen und Gänge, natürliche Anlagen, die man anderen Orts, ob auf der Erde, dem Mond und sonst wo im All bereits ausgebaut hat, um sich unterirdisch zu verstecken und Waffen darin zu installieren.

Überall in der Gegend um Eupen, wie Basecles (Steinbruch), Ans (Fort Loncin) könnten ein oder mehrere FT gezielte Suchflüge absolviert haben, um nach geheimen, unterirdischen Militäranlagen zu suchen.

Militärflugplatz Beauvechain

Die Base Aérienne de Beauvechain ist ein Militärflugplatz der belgischen Luftkomponente. Die Luftwaffenbasis liegt in der Region Wallonien in der Provinz Wallonisch Brabant bei Beauechain. Sie ist heute der Hauptstützpunkt für die Pilotenschulung der belgischen Luftwaffe.

Bereits im Krieg nutze die deutsche Luftwaffe den Platz, der später zu einem vollwertigen Fliegerhorst mit Betonbahnen und großen Hangars ausgebaut wurde. Gegebenenfalls wurden schon damals unterirdische Anlagen am oder um den Flugplatz ausgebaut, die heute noch genutzt werden.

Nach dem Krieg nutzte die belgische Luftwaffe den Fliegerhorst und die erste Staffel von F-16 Jägern traf Anfang 1979 auf dem Platz ein.

Liegen auf dem belgischen Luftwaffenstützpunkt Beavechain, wie in Kleine Brogel, nukleare Atombomben, die mit Flugzeugen auf feindliche Ziele abgeworfen werden können?

Wurde die Wallonische Provinz in Belgien für die Lagerung und Stationierung von geheimen, nicht registrierten Nuklearwaffen, die ggfs. unter Aufsicht der USA stehen, ausgewählt?

Suchten dort Ende der 1989 bis 1992 bestimmte ultra-geheime Spezialeinheiten (U.S. Space Force?) nach Atomwaffen diverser Art, Atombomben, Atomsprengköpfe für Raketen, die Trägerraketen selbst und anderes, gut verstecktes Kriegsgerät?

Da die Suche nach Geheimverstecken nuklearer Waffen sich auch bis Norddeutschland und darüber hinaus erstreckt haben soll, ist die Frage, ob neben Büchel in Rheinland-Pfalz auch im Norden von Deutschland auf dortigen Jagdflugzeugplätzen der GAF, der „German Air Force" in geheimen, unterirdischen Bunkern, Atomsprengköpfe für Jabos lagern?

Insert

Ablenkung, Ablenkung und nochmals Ablenkung!

Wie ein Zauberer, der von seinen Tricks das Publikum ablenken muss, damit seine Zauberei überhaupt funktioniert, so ist Ablenkung mit einer *der* Hauptaufgaben des Militärs und der Geheimdienst, um von ihren Strategieplänen abzulenken

Dazu wird auch und gerade die „Freie Presse" eingespannt, um zu demonstrieren, wie „normal" diese Welt ist und das alles mit rechten Dingen, nach Recht und Gesetz zugeht:

Auszüge aus der Internetseite der „Frankfurter Rundschau":

Atomwaffen in Europa: US-Soldaten geben versehentlich Standorte preis

Erstellt: 29.05.2021, 17:46 Uhr
Von: Mirko Schmid

Basierend auf den englischen Artikel:

"US Soldiers Expose Nuclear Weapons Secrets Via Flashcard Apps",
May 28, 2021 von Foeke Postma, oder YouTube Report, Januar 2023:

Anmerkung:

Wobei man „versehentlich" in Anführungszeichen setzen kann:

„Die **Standorte von Atomwaffen** der US-Streitkräfte in Europa sind ein **gut gehütetes Geheimnis.** Weder das Verteidigungsministerium der USA noch die NATO-Verbündeten in Europa lassen sich Details darüber entlocken. Zwar wird die Existenz nuklearer Sprengköpfe in US-Besitz in den europäischen Mitgliedsstaaten des Verteidigungsbündnisses nicht dementiert - aber eben auch nicht bestätigt.

Umso überraschter waren die Journalisten der Recherche-Seite Bellingcat, als sie durch einfaches googlen an Karteikarten gelangten, welche den in Europa stationierten US-Streitkräften dabei helfen sollen, sich sensible Details einzuprägen. Und diese Details haben es in sich. **Nicht nur, dass umfassende Informationen über die genauen Standorte der Nuklearraketen** benannt sein sollen. Darüber hinaus wird wohl haarklein aufgeführt, welche der Tresore, in denen die Atomwaffen üblicherweise aufbewahrt werden, „heiß", also mit **einsatztauglichen Sprengköpfen** bestückt, und welche „kalt" sind, also aktuell keine nuklearen Waffen beherbergen.

Investigativjournalist findet sensible militärische Daten mit Google
Die Online-Lernkarteikarten sollen auch Informationen über die Stückzahlen der Sprengköpfe enthalten haben, sowie deren genaue Position innerhalb der Stützpunkte in Europa, darunter Standorte in **Deutschland, den Niederlanden und der Türkei.**

...

Ein Set mit 70 Karten - Titel: „**Study!**"- etwa soll die **genaue Anzahl an einsatzfähigen Atomwaffen auf dem Luftwaffenstützpunkt Volkel in den Niederlanden** enthalten haben. Die niederländische Regierung behandelt diese sensiblen Daten als Staatsgeheimnis. Andere Sets hätten militärische Codewörter preisgegeben, mittels derer US-

Einsatzkräfte in erzwungenen Telefongesprächen zu verstehen lassen können, dass sie sich in einer Zwangssituation befinden.

Die öffentlich einsehbaren Lernkarteikarten des US-Militärs reichen zurück bis ins Jahr 2013

Der zeitliche Rahmen der einsehbaren Karteikarten soll sich über ein knappes Jahrzehnt erstrecken. Bellingcat nennt die Zeitspanne zwischen der ältesten Karte aus dem Jahr 2013 und der aktuellsten, die auf April 2021 datiert sein soll. Militärexperte Jeffrey Lewis sprach in diesem Zusammenhang gegenüber Bellingcat von einem **„eklatanten Verstoß" gegen geltende Sicherheitspraktiken.** (Ha, ha, ha!, Anmerkung des Autors KPR!)

Bei der Geheimhaltung der Standorte von US-Atomwaffen in Europa gehe es laut Lewis nicht primär um den Schutz der Waffen, sondern in erster Linie darum, Verbündete vor **unangenehmen Fragen zu schützen.** Zum Beispiel jene, ob es nach heutigen Maßstäben noch angebracht sei, im Rahmen von NATO-Vereinbarungen US-Sprengköpfe in Europa zu stationieren. Die Regierungen der Bündnispartner stünden nun zusätzlich unter einem Rechtfertigungsdruck, schließlich würde das Argument durch das Leak der Karteikarten bekräftigt, die US-Atomwaffen in Europa seien nicht sicher. (Mirko Schmid)"
-Ends-

Anmerkung:

Die mächtigen USA haben wieder etwas „geleakt"!

Absichtlich Informationen preisgegeben.

Nach dem Motto:

20 Prozent geben wir zu, damit wir 80 Prozent weiterhin geheim halten können!

Die 80 Prozent, von denen der Autor weiter oben gerade berichtet hat:

Atomraketen in der zivilen Infrastruktur, auch und gerade in Deutschland, oder in Belgien, heimlich und unentdeckt stationiert.

Sodass nur die „UFOs" danach suchen. Und die sind ja „außerirdisch" und nicht aus Russland, wo man unbedingt wissen will, wo sich eine gefährliche, nukleare Bedrohung für Russland in Form von heimlich stationierten Atomwaffen im Westen befindet.

Übrigens auch eine Bedrohung für die einheimische Bevölkerung in Deutschland, den Niederlanden, Belgien oder der Türkei, wenn keiner weiß, dass unter den Füßen der Bevölkerung strahlendes Material lagert.

Auch eine Bedrohung in den ex Ostblock Ländern, wo vormals die Sowjets, bzw. die Russen heimlich Atomraketen in solchen Staaten, wie ex-DDR, Rumänien, Bulgarien, Ungarn, Polen oder den Baltischen Staaten versteckt hatten, die nun an den Westen, die NATO und die USA gefallen sind. Und wo sicherlich heute westliche, U.S. amerikanische Atomraten in den ex-russischen Raketensilos heimlich stehen, was Putin sicherlich maßlos ärgern könnte!

Falkirk - Trinagel
Schottland

Der „Forth and Clyde Canal" verläuft durch Falkirk, Schottland. An der Strecke des Kanals liegt auch der Ort Grangemouth, wo es eine gut dokumentierte UFO-Sichtung mit dazugehörigen Fotos gibt.

Bonnybridge in den „Low Lands" von Schottland ist der Schauplatz von angeblich mehr als 100 UFO-Sichtungen pro Jahr.

Die „Freie Presse", die Massen-Medien, immer Propaganda hörig, den Mächtigen, dem Militär und Geheimdienst unterwürfig, gut erprobt und geübt im Weglassen von - kompromittierenden - Fakten, dabei das Unwichtige groß herausstellen, gar Verschwörungstheorien verbreitend, schreibt über das „Schottische Bermuda Trinagle" unter anderem:

„...Aurora, Texas. Roswell, New Mexico, Bonnybridge?

. . . but the small town of Bonnybridge in the Lowlands of Scotland can boast one of the **busiest calendars for UFO sightings** in the world. With nearly **300 UFO sightings** reported every year over the past **three decades**, Bonnybridge has been nicknamed the UFO capital of Scotland. But what is it about this sleepy town makes it so prone to unidentified flying objects?"

Anmerkung:

Genau das ist die Frage, warum die Umgebung von Bonnybridge in Schottland so interessant für „UFOs" ist?

Also „UFOs", geheime NATO and Space Force Einheiten, die ggfs. in der Gegend einen geheimen Stützpunkt haben und „UFOs", Aufklärer-Drohnen aus östlichen Ländern, die in Schottland Spionage treiben, um herauszufinden, was an Geheimen das westliche Militär, die NATO in Schottland versteckt.

„Set in the heartland of Scotland, Bonnybridge is nestled between **Glasgow** and **Edinburgh** in the valley of Bonny Water.

...

With over **300 sightings** of suspicious and unidentifiable flying objects each year, Bonnybridge has been affectionately nicknamed the „**Scottish Roswell**". Sightings of strange hovering lights, **cigar-shaped flying objects**, and UFOs that buzz **loudly** over vehicles have startled motorists on regular occasions. . .

...

Others believe that much like the **Forth & Clyde Canal**, an intergalactic stream or highway happens to run through the Falkirk Triangle, leading to a celestial stopover in the Scottish Lowlands."

Anmerkung:

Der „Forth and Clyde" Kanal ist insgesamt 56 km lang, und beginnt am Hafen von Grangemouth (UFO-Sichtung).

Im Jahre 1963 wurde der Kanal geschlossen und war von da ab ungenutzt und halb verfallen.

Möglich also, dass die „UFOs" die über 50 Kilometer Länge des Kanals abfliegen. Weil irgendwo dort ein Bauwerk, ein Versteck in der Erde, an einem Hügel ect. vorhanden sein könnte. Wo man heimlich irgendeine militärische Anlage gut getarnt oder vergraben, angelegt hatte, die im Kalten Krieg für die Sowjetunion gefährlich geworden wäre, wäre der Krieg heiß geworden.

Hatte man die Infrastruktur, den Kanal, die Eisenbahnstrecke, den parallel verlaufenen „Motorway" genutzt, um vom Hafen von Grangemouth geheime, militärische Fracht, Munition, Raketen, A-Bomben entlang des Kanals in das schottische Umland zu verfrachten?

Weil sich dort eine oder mehrere - unterirdische - Anlagen befinden (die bereits während des Zweiten Weltkrieges heimlich errichtet wurden, als „back-up", geheimer Lagerort für Vorräte und Munition bei einem Überfall der Nazis in UK) und die man nach Kriegsende, im Kalten Krieg weiter ausgebaut hatte, um sie mit nuklearen Waffen zu bestücken.

Anlagen, die für die Sowjets unbekannt waren und zu einem Überraschungsmoment bei einen Dritt- oder Viertschlag in einem Dritten Weltkrieg geführt hätten?

Die Presse erzählt gerne was von Außerirdischen, anderen Dimensionen, Entführung durch Aliens und solchen Unsinn. Aber niemand recherchiert, ob man im Kalten Krieg, außerhalb der bekannten Militärstützpunkte, die natürlich auch den Russen bekannt waren, an geheimen, aber auch unverfänglichen Orten, wie Einkaufszentren, Vergnügungsparks, Stauseen, Wasserstraßen, Kanälen, Weihern, Seen, Autobahnen, Eisenbahnstrecken, Tunnels, usw. ebenso nukleare Waffen und Raketen stationiert hatte, von denen keiner etwas wusste.

Was ja auch unglaublich, ja geradezu fahrlässig ist, in ziviler Infrastruktur, in der Natur, strahlende Waffen aufzustellen, nur um sie vor den neugierigen Augen russischer und anderer Ostblockspione zu verstecken.
   Nicht jeder Reporter wird diese Fantasie haben, die ein Kriegsplaner entwickeln muss, will er für seinen Auftraggeber einen Krieg gewinnbar erscheinen lassen. Gerade ein Nuklearkrieg, wo es darauf ankommt, als Letzter noch genügend Atomwaffen zu besitzen, um dem Gegner den Garaus zu bereiten.

Wenn alle bekannten Anlagen weltweit zerstört sind, wo ICBMs stationiert waren, dann starten die Interkontinentalraketen, die bei Aldi, bei Walt Disney, im Gileppe Stausee, in Schottland usw. versteckt sind, mit der Hoffnung, letztendlich doch noch zu gewinnen.
   Doch auch russische Kriegsplaner werden auf dieselbe Idee gekommen sein, und nicht nur im Erdorbit, auf dem Mond, Raumstationen usw., Atomraketen zu verstecken, sondern auch in Einkaufspassagen in der Ukraine, in der ex-DDR, BER, und sonst wo auf der Welt, wo russisches Einflussgebiet besteht, wie z.B. in Kuba, zusammen mit den Chinesen in Afrika, an den Polen der Erde und wer weiß, wo sonst noch.

Ein Pulverfass ist gar nichts gegen das, wo wir Normalbürger hier auf Erden leben!

Schlusswort

Der Autor Klaus-Peter Rothkugel hat nun seit mehreren Jahren bestimmte, vertuschte, zumeist geheim gehaltene Themen aus der Luft- und Raumfahrt in seinen verschiedenen Büchern behandelt und versucht, zu erklären.

Derjenige, der alle Bücher des Autors gelesen hat, bekam nun die Möglichkeit, einen ersten, allgemeinen und guten Überblick zu erhalten, wo er lebt und was hier – im Geheimen – so alles in den letzten Jahrzehnten vor sich gegangen ist und noch vor sich geht.

Vielen Danke an all die treuen Leser, die meine Bücher gekauft – und hoffentlich auch verstanden haben!

Danke!

Mit meinem vorläufig letzten Buch beende ich meine Recherche in die unbekannte, die „wundersame Welt" des Militärs, der geheimen, militärischen Luft- und Raumfahrt und was sonst noch dazu gehört. Obwohl es sicherlich noch viel mehr herauszufinden und sagen gäbe.

Ich habe mich ehrlich und unbeeinflusst bemüht, die „Spreu vom Weizen" zu trennen.

Also nicht auf die weltweit gut eingespielte Propaganda und die Desinformation hereinzufallen, mich auch nicht unnötig manipulieren zu lassen. Um einiges Wichtige, Interessante und zudem Unbekannte dem geneigten Leser darzubieten, was die Mächtigen dieser Welt zu vertuschen versuchen.

Ich hoffe, es ist mir einigermaßen gelungen.

Leider war es mir nicht vergönnt, dass man mir einige geheime Informationen zum Thema hat zuspielen lassen, so wie man dies aus Agentenfilmen her kennt.

Ich musste alles selbst und alleine herausfinden.

Ein nicht unerheblicher Anteil war Desinformation, Halbwahrheiten, Halluzinationen der K.I. und vieles mehr. Das ist ja gerade ein Teil des Computerprogramms, einen Spieler zu verwirren. Ab und zu werden Wahrheiten, Botschaften, Hinweise, Easter Eggs eingestreut, die man finden kann und soll. Ansonsten war Nachfragen zwecklos, die K.I. Figuren waren nicht darauf programmiert, mehr Informationen herauszulassen.

Aber, ich glaube, ich war gar nicht so schlecht darin, im Herausfinden bestimmter Informationen, historische Abläufe und Ereignisse. Es wird auch die „unsichtbare Hand" und die K.I., gar einige übernommene NPC nachgeholfen haben, dass ich die versteckten Ostereier auch ja finde.

Denn, das Fazit betreffend diese Welt ist, dass es sie nicht gibt.

Diese Welt ist eine reine Illusion.

Eine vorgegaukelte Welt, dargestellt als ein künstlicher „Klartraum", von einer K.I. gesteuert. Deshalb hat man im Grunde recht, wenn man sagt, es gibt keinen Flugkreisel, die Deutschen hatten im Krieg keine Atombombe und so weiter und so fort.

Es ist alles erfunden.

Hier nochmals Heinz Rühmann, auch ein NPC als „Easter Egg" für einen „Player", aus der „Feuerzangenbowle", was auch auf diese „Welt" zutrifft:

Zitat von Heinz Rühmann aus dem Film „Die Feuerzangenbowle", Schluss-Szene:

„**Ich will auch gerne öffentlich bekennen, dass ich die ganze Geschichte von A bis Z erlogen habe.**

Die Schule, der Direktor, die Lehrer und die kleine Eva. **Ja, sogar mich selbst habe ich erfunden.** Wahr an der ganzen Sache ist nur der Anfang: Die Feuerzangenbowle.

Wahr sind nur die Erinnerungen, die wir mit uns tragen, die Träume, die wir spinnen und die Sehnsüchte, die uns treiben. Damit wollen wir uns bescheiden."

Es ist alles nur ausgedacht, erfunden, erstunken und erlogen, gar halluziniert.

Alles nur geträumt, nur VR und niemand ist wirklich geschädigt.

Bis auf den Autor, der den ganzen Unsinn mitmachen musste, ob er wollte, oder nicht.

- E N D E -

Klaus-Peter Rothkugel

Winter 2023

P.S.:

Bei Interesse kann man mich auf meiner Twitter/X Seite @PRedhillA1 oder bei Facebook besuchen.

Dort, auf diesen Plattformen werde ich bei Bedarf, neben Modellbau, ab und zu einiges aus der, auch geheimen Welt der Luft- und Raumfahrt veröffentlichen.

Wer möchte, schaut vorbei und kann mir einen Kommentar, gar Neuigkeiten hinterlassen!

Also, bis dann!